U0500701

读创
creadion

阅读创造生活

[日] 西中务

Nishinaka Tsutomu

著

刘秋诗 译

抓住好运的
人生秘诀

1万人の人生を見たベテラン弁護士が
教える「運の良くなる生き方」

北京联合出版公司

Beijing United Publishing Co.,Ltd.

不可思议的运：何为"幸运人的条件"

　　我做了将近半个世纪的律师，见过各式各样的人生。算上受理过的全部民事、刑事案件，委托人得超过一万人了吧。

　　且不说刑事案件，只在民事案件中，需要做法律咨询的多是关系人生的重大事件。我是一个平凡的男人，但作为律师在处理委托人的各种重大事件和很多相关人员的事务时，单单人生哲学就学到了很多。

　　因此，也由衷地体会到很多：比如，运是一个很不可思议的东西。

　　见证过一万余人的人生，我才明白，在这世上，确实存在运气好和运气差的人。

比如，运气差的人，会被同样的麻烦"光顾"多次。

因遇到麻烦来到我的事务所，打了官司得到判决的人，不久又会遇到同样的麻烦，再次来我这里咨询。就这样一次又一次，反复陷入同样纠纷的人真的非常多。

虽然我觉得他们反复遇到相同的麻烦并非不可思议，但也很难说这只是因为他们运气不好。如果说单单是运气不好，但也有与他们情况完全相反的人遇到同样麻烦的。

有时候，来事务所做跟生意相关的法律咨询的人，也并非是真正遇到了麻烦，但他们会反复来好几次。而且，每次来的时候，公司规模都会变大。

这种情况就不能说只是因为他们运气好。一万不是一个小数目，通过和这么多委托人的接触，我开始能简单地判断出运气好与运气差的人了。

当然，运是一个很神奇的东西。说到底，像我这样的凡人不会明白其中的奥秘，但见证过那么多人的人生，让我学到了一些经验教训。

如果运气变好，就会更接近幸福的人生。

为了让大家都能获得幸福，这里想向大家介绍一下运气的神秘之处，还有关于运气好坏的经验和法则。

这本书中所介绍的我的经验法则，很多都是键山秀三郎先生教给我的。向一直很关照我的键山先生表示深深的感谢。

西中务

目录

第一章

运气

抓住好运的人生秘诀

1万人の人生を見たベテラン弁護士が教える
「運の良くなる生き方」

照顾婆婆十年却走霉运的儿媳妇

　　运是一个不可思议的东西，从我学到的经验法则中，先来列举几点运气不可思议的地方。

　　明明做了很多好事，却走了霉运。

　　虽然你可能觉得意外，但这却是事实。

　　在世上有那种明明做了很伟大的事却得不到回报的情况。作为律师的我了解到，这样的例子还不少。

　　比如我曾接过一个遗产继承的纠纷案。

　　某家有位卧病在床的高龄母亲，由其长子的妻子——大儿媳妇照顾了十余年。婆婆非常感激，于是写了一份遗嘱，将遗产的大部分都给了照顾自己的儿媳妇。

　　但是这份遗嘱却遭到了她亲生儿女们的强烈反对。

做这个案件咨询的最初，我以为又会是那种常有的遗产纠纷案。

面对巨额的财产，任谁都会产生欲望。法律保障了已故者亲生儿女继承财产的权利，但不能保证他们没有不允许将遗产让给外人的心情。

开始我以为，这个案子大概也是那种不管自己是否亲生，就是不允许将财产让给没有血缘关系的儿媳妇的情况吧。

然而，听了相关人员的阐述之后，我忽然意识到大概是我想错了。

他们本身想要遗产的心情自不必说，亲生儿女不愿意将遗产给长媳的理由中有对这位儿媳妇的不满。

"我认可那个人照顾了我的母亲，但是那种施以恩惠以求感谢的态度，让我喘不过气来。"

其中的一个儿子这样说道，这让我感到很意外。

每个孩子都有必须要照顾老母亲的这种心情吧，尽管如此，可能有时也会有照顾不到的实际情况。这时候，如果被他人施以"我代替你们照顾母亲，你们理所当然地要感谢我"这种态度的话，自然就会产生厌恶的情绪了。

实际上，别人是这样评价这位儿媳妇的：

"那是个令人讨厌的女人。照顾母亲就是为了争夺财产吧。"

对她的行为不满，这就是老人的亲生儿女不允许这位儿媳妇得到财产的真相。

照料卧床不起的病人是非常辛苦的，而且能这样坚持十年，更是非常了不起的事情，理应是该被感谢的，但无理的地方可能就在于她期待他人给她应有的回报吧。

一味地抱着"我这是帮你做的"这种高傲的态度，人际关系就会变得很差，最后导致她陷入被反对继承遗产的困境。

讽刺的是，辛苦的工作和伟大的举动反倒变成了不幸的事情，这是因为掉入了高傲的陷阱。

"我做了不得了的事情。我很辛苦地劳作了。"如果这样想，就很容易变得高傲。高傲的人是被人讨厌的。因此，人际关系变差，好运也会与你渐行渐远了。

辛苦的工作，伟大的工作，往往都隐藏着"高傲的陷阱"。

为了不让自己的努力和辛劳变成不幸，请好好注意自己的言行吧。

不谦虚，好运就会溜走

　　不谦虚，好运就会溜走。之前那位儿媳妇就是如此。心和运气，有着密切的联系。

　　特别重要的一点是，想要有好运气，就必须抱有一颗谦逊的心。

　　我也遇见过为人们做了很多好事，但运气却没有变好，最终也不幸福的委托人。

　　比如有位为当地做出过巨大贡献的人。这个人在当地有强大的势力，担任着自治会长和PTA（Parent-Teacher-Association 的缩写，家长教师联合会，成立于二战后，以促进社会、家庭、学校教育等为宗旨）的会长。当然两者都是没有报酬的职位，他可谓是为当地人民尽心尽力，鞠躬尽瘁。

某一年，这位能力者入选了候补市议员。因为是地级市，当选者需要得到两三千的票数才能当选为议员。他在当地十分有名，又常年为人民做贡献，所以大家都觉得他能轻松当选。

然而，结果来了个大逆转，他以巨大票差落选了。

"完全不明白为什么会落选呢。"

话虽如此，我大概能明白他落选的原因。

他本人并没有他想象中的评价那么好。与被委托相关人见面之后，我更确信了这一点。

另外，从他在选举中说话的口气来看，有种很牵强的感觉。

当然，他说的也不是假话，确实一生也在为当地人民努力工作。尽管如此，为什么对他的评价不高呢？

理由是，他不谦虚。

不管是做自治会长还是ＰＴＡ会长时，他都自然而然地流露出"我是在为大家工作"的口气和态度。不论做什么事，一旦流露出这种高傲的情绪，就会招致周围人的反感。

然而，他本人却没有察觉到大家的反感，仍然我行我素。

如果不谦虚还一直保持高傲的态度，即使做了好事也会被大家讨厌，人际关系处不好的话就会引起很多争端，也得不到大家的信赖和配合。

这样，运气是不会变好的。

所有的人都明白，不管多有能力、多有势力，单凭一个人的力量是无法成立一个社会的。如果一个人变得高傲，便意味着这个人悲剧的开始。

请不要忘记将"我为你做"转变为"请让我为你做"的谦虚心态。

如果一个人为别人做了好事但运气却不好的时候，请务必确认自己是否保持了一颗谦虚的心。

与人的相遇会改变命运

因为与某人相遇而改变了一个人命运的事常有发生。

我曾为一个经营运动俱乐部的老板做过咨询。他曾因为遭遇交通事故住院，却也因此有机会开始了他的事业。

在同一个病房，他遇到了一位运动俱乐部的经营顾问，就是受到了他的启发，这位老板才开始经营自己的运动俱乐部的。

然而，经营了一段时间后，效益却不好。最后，俱乐部因欠下高额的债务而倒闭了。

"如果当时没有遇到同病房的那位顾问，我可能也不会遭遇到倒闭这种事。"他叹了口气说。

这是个因为遇到某人而遭遇霉运的例子，相反的情况也有。我也遇到过和偶然认识的人共同创业最后成功的案例。

像这样因为和某人相遇——无论好人还是坏人，因而改变命运的可能性还是存在的。

与谁相遇是非常重要的。谁也不愿意和坏人相遇而导致自己的运气变差，都希望与好人相遇而获得好运。

那么，怎么样才能和能让自己获得好运的人相遇呢？

修炼自己的人格是一条捷径。自己的人格变好了，周围也会聚集很多人格高尚的人。一个人人格魅力提升了，人格高尚的人都愿意与之交往，自然也会时来运转。

人格魅力提升，美好的相遇增多，运气也会变好。

这是事实。

不可思议的同类相聚

"和好人交往。"

这是获得好运的秘诀之一。

律师生涯中，我接触过很多人，由此我发现了一个惊人事实："好人的周围都是好人"，而"坏人的周人都是坏人"。

审判的委托人也好合伙人也好，总是引起纠纷的那些人里，就有很多即使陷害他人、伤害他人也要夺取利益的"坏人"。调查这些人的相关人员发现，果然都是层出不穷的同类"坏人"。

相反，来律师事务所咨询的也有那些会经常关心身边人、义无反顾帮助他人的"好人"。比如，那些来做事业相关咨询的人，周围确实都是类似的"好人"。

以前有这样一句古谚语，"近朱者赤，近墨者黑"。事实果真如此，从我做这项工作开始，我更坚信了这句话。

如果和好人交往，周围自然就会聚集好人。全是好人自然就会少很多麻烦。而且，当你陷入困境的时候，周围会有很多人来帮你。你不仅会生活得心情愉悦，而且工作也会节节高升，自然也更容易获得成功。

换言之，如果和好人交往，你会拥有非常幸福的人生。

相反，如果你和坏人打交道，自然而然地，周围聚集的都会是些坏人。因此总会陷入纠纷当中，也常常会被欺骗、被伤害，心中满是警戒和不安。抱着这样一种不好的情绪生活，压力会增大，身体状况会下滑，工作自然也不会顺利。

欺骗他人、伤害他人也许会获得一时巨大的利益，但总有一天也会被他人欺骗和伤害，因为你已经失去了好运。

如果想获得好运，就要和好人交往。

这是我的经验法则之一。

不知不觉身边聚集的全是小偷

物以类聚，人以群分。话虽如此，为何总是同类人聚集在一起呢？

也许会有人觉得"这是真的吗"，虽说确实是非常不可思议的事情，但也真的存在。我自己就有过这种不可思议的体验。

四十多年前，作为新手律师的我在当时接的委托案很少，说实话，经济上还是比较拮据的。那个时候，意外地认识了一个不动产的中间商，他介绍了一份工作给我：

做小偷的辩护律师。

我是个律师，所以不管对方是加害者还是可怜的被害者，对我来说都是一样的，作为代理人为委托人辩护是我的工作。与其说保证判决公平公正地进行，不如说是应该有一个为犯罪者辩护的人，这样做的结果是降低社会的犯罪率。这种想法对律师来说是常识，我自己也是这样想的。

这就意味着，不能因为委托者是小偷就有厌恶的情绪。而且当时我接的案子很少，所以别说没有厌恶情绪，甚至可以说是相当愉快地接了这个委托。如果打赢官司，除了委托费外，还能得到更多的报酬。这让经济拮据的我有了喘息的机会。

然后，这个新认识的熟人又介绍了一份委托给我，这就是为什么我又做了小偷的辩护律师。那之后他又介绍了很多委托，但无一例外全都是为小偷做辩护。

我感到很奇怪，一调查才发现那个人虽然自称是不动产的中间商，但实际上是个小偷头子。

如我刚刚所说，委托就是委托，小偷也需要辩护。即使全给我介绍做小偷的辩护，作为律师我不能有任何的推脱。

但是，在那之前我周围一个小偷也没有，然而不知不觉中身边聚集的却全是小偷了，我对自己的这个变化感到震惊。

　　周围全是小偷仅仅只是因为我与一人结交。

　　并且，我周围小偷的数量有越演越烈的趋势。

　　其实，在遇见那人之前，我已经亲自代理了数十件小偷辩护案，不知什么时候开始我被冠以了"小偷律师专业户"的称号。这就是为什么那个自称不动产中间商实际上是小偷头子的男人找我去为他们辩护。

　　也就是说，我不知道他们的真实身份就和他们打交道，于是认识的小偷急剧增多，有愈演愈烈的趋势。

　　虽说和小偷打交道，但是我自己并不会变成小偷，也不会对小偷这样的职业犯罪者有同理心。毕竟我只是在律师和委托人这个范围内和他们交往。

　　正因为如此，所以即使这样持续下去，即使变成了"小偷律师专业户"，我觉得自己也不会陷入不幸的人生中。

但是，当时的我还很年轻，也没想过要成为像小偷这种特定案件的专业律师。因为对处理各种案件的学习欲特别强，所以自那以后，我就再也没有接过小偷案件的委托了。

虽然从此之后一件小偷案子也没接过，但如果按当时的趋势发展，没准现在我已经成为日本最精通小偷案件的律师了。这种可能性是十分大的，而这都是缘于和一个男人的相识，人和人的相遇真是一件不可思议的事情啊。

同类相聚。

这是事实。所以，要注意留心去和能引导自己幸福的人交往。

律师知道坏人的结局

和好人结交，运气就会变好。

有一句谚语叫"同情不是为他人"，说的便是这个意思吧。

然而，现代的年轻人将这句谚语的意思误解成"一味地同情别人，反倒是对他人的姑息纵容，这样不好"，完全颠倒了它本来的意思。

同情他人不是为了别人，而是为了自己。因为如果你不断对他人施以援手，轮回往复，好运自会降临到自己的头上。

这是它真正的含义，"正是因为是为了自己，所以才慢慢会对他人温柔"。

换言之，为他人谋福运气也会变好。

以我的经验来说，这是正确的。

但是，就现实来说这是否正确，也许很多人还抱有疑问。

因为别说是为他人谋福，在现代社会还能看到很多做尽坏事却能发财发迹的人。

确实，狡诈圆滑的成功人士有很多。而且，这些人过得铺张奢华，引人注目。或许正因如此，大家才认为世上的成功者都是这样的人。

然而，普通人听到的都是他们的成功故事，却并不了解后续，因此多少会产生他们一直过得很好的错觉。

但是律师见到的反倒都是成功之后却过得不好的人。

因为需要律师就表示处在法律纠纷之中，虽说有些人能顺利平息争端，但大多数人还是无法顺利摆平。

也就是说，普通人只听到成功的案例，而律师听到的都是成功之后如何失败的故事，而这其中大多都是狡诈之人成功后的故事。

奸诈圆滑之人获得成功后怎么样了？下面我们就来聊一下吧。

　　因做坏事而获得的成功是不会长久的，甚至还会马上陷入不幸的境地。

　　因事业失败而找律师做咨询的人很多，这其中只有极少数是成功者。动歪心思赚钱发家的人，他们的成功是无法长久的。因为成功之后很快就会失败，继而被逼入窘困的境地。

　　这样的案例，律师看得太多了。

　　有句谚语叫"天网恢恢，疏而不漏"。人在做天在看，做了坏事必会得到惩罚。

　　因做坏事而获得的成功只是昙花一现。真正的幸运不仅仅是一瞬间，不经过长久的历练，是不会看见真正的幸运的。

　　这是一个目睹过无数坏人结局的律师的忠言，希望大家能相信我所说的。

只为自己着想运气也会变差

某年正月，报纸宣传语里有这样一句话：

"请贪得无厌地许愿吧！"

因此，下面就有人们各种各样的愿望：

理想实现、全家平安、生意兴隆、考试合格、子孙满堂、姻缘美满、身体健康、学业进步、恋爱成功、出人头地……最后一个愿望是："中彩票"。

真是完美地释放了自我的欲望。

然而，这样是不会有好运的。

人不是独立存活于世的，每个人与他人都存在着千丝万缕的联系，如果什么事只想着自己，幸运是不会光顾到这些人身上来的。

这与道德的过失是相关的。

道德的过失，简单来说就是给他人添麻烦的行为和态度。

陷入麻烦中运气就会变差，贪婪便是典型代表。

在这个社会，商业主义的概念越来越强烈，"变得更贪心、更贪婪吧"这样的广告语越来越多，但希望大家不要被这样的思想所摆布。

如果被这样的思想所摆布，等你明白过来的时候，运气已经变差了。

束缚他人运气也会下滑

不知不觉中运气下滑了。

如果你意识到这点的话，最好确认一下自己是否做过让运气变差的事情。

例如，自以为是地坚持己见而导致运气下滑的事情时有发生。

人的想法虽不是什么值得一提的大事，有些事情即使自己深信不疑，却没有意识到这对他人来说不一定是正确的。

这个误会便演变为不走运的因素。

我也有过类似的经历。

有一段时间，妻子连续几天回家越来越晚。当时，妻子是PTA（家长教师联合会）的负责人，参加了很多友好协会和各种活动，连着几天都是将近十一点钟才回家。

"你不能回来得这么晚，不仅很危险，也要考虑下在孩子面前的形象。母亲深夜在外面喝完酒回来，一副邋遢的样子让孩子看见了也不利于对他们的教育吧。以后你要在十点前回来。这是家里的规矩。"当时我之所以这样说，是因为我自以为是地认为这是对的。然而，我错了。

自那日之后，我无法控制地开始在意妻子是否在十点前回家。一接近十点，我便开始焦虑，稍微迟一点我就会很生气。我对着晚归的妻子大发雷霆，慢慢地，夫妻关系变得紧张。

以不利于孩子的教育为由设置门禁，然而，父母关系的恶化却更加影响对孩子的教育。

等我意识到这点后，我便取消了所谓的家规。随之我的心情恢复了平静，夫妻关系也重归和谐。

回想起来，妻子并不是在夜里到处游玩，而仅仅是因为工作应酬不得已才晚归。

既然如此，一方片面地断定这是不检点的行为而擅自制定规则，就是没有必要的。

用无用的规则去束缚别人，反而束缚了自己。如果心得不到冷静，事情便不会进展顺利，运气也会变差。

人在无意识当中可能会对他人犯下罪行。大概那个时候，运气就会下滑吧。

请务必注意，不要随意标榜所谓的正义，不要用无用的规则去束缚他人。如果这样做，运气就会下滑。

儿子的幸运

　　人生越向前，越是常常能从心底深切地感受到"运气这个东西真的是实实在在存在的"。

　　那是二十多年前的事了。有一次我早下班回家，看到当时在上小学的二儿子躺在床上睡觉，头上包着纱布，我吓了一跳，连忙问妻子怎么回事。

　　原来在白天的时候，二儿子和他朋友拿着高尔夫球杆挥舞着玩，他的朋友不小心用球杆头戳到了二儿子的眼睛。于是一下子乱成一团，妻子慌慌忙忙将二儿子送去了医院。

　　"幸好只伤到了眼皮。如果对方再把球杆伸长一点，再近一点，也许就会直接戳到眼球导致孩子失明吧。如果更近一点的话，可能还会造成头盖骨骨折。这样的话怕是连命都没了，太危险了。"

听到医生这样说，妻子吓得浑身发抖。

仅仅数厘米之差，让儿子免于了失明或是死亡，我仍记得听到这里时自己冷汗直冒的感觉。

真的是运气好，我感到是神明救了他。

到现在我仍认为，我们一定还有被运气挽救的事情，只是我们还不知道而已。

在工作上，我见识过很多被运气的好坏左右人生的故事，但在自己的家人有危险的时候，才真正地强烈感受到运气是真实存在的。

我们今日的健康，本就是运气好的结果。

虽说是很难意识到的事情，但也希望大家谨记，这也是运气不可思议的一点。

召唤好运的秘诀是"烦恼的一方做出改变"

想要让运气变好的方法有很多。

最容易的一种,是不要引起纠纷。

我作为律师,常年都是和一些纠纷打交道。毫不夸张地说,律师就是为解决各种人之间的纠纷而发展起来的职业。

作为律师的我可以断言,纠纷不会有任何好处。

因为一旦引起纠纷,运气就会下滑。

对那些来我这里做咨询的人,我总是会劝他们尽量避免争端。

虽说律师就是靠这些有纠纷的人赚钱,但如果让人们明白纠纷会使人不幸,也可以阻止这些纠纷的发生。

那要怎样去阻止这些纠纷呢？实际上，我有一些可以分享的经验法则。

以如何阻止出轨为例来说明。

因丈夫出轨而来做咨询的妻子大多是这样说的：

"我要做什么才能让他停止出轨呢？"

而事实是不管妻子做什么，丈夫还是会出轨。生气也好，哭泣也好，别人劝说也罢，都不能阻止他。

因此，我会这样回答她们：

"不管您做什么，都很难阻止您丈夫出轨，因为他是因为喜欢对方才出轨的，所以不会那么轻易就停止。因为出轨的丈夫一点都不觉得烦恼，所以他是不会改变他的态度的。"

"那我就只能放弃了吗？"

妻子失望地问道。于是我赶紧趁机说：

"当然不是。办法还是有的。"

"啊？"妻子一副吃惊的样子。于是我告诉了她我的经验。

"因为出轨而烦恼的人是谁？不是您的丈夫，而是您自己。其实，只要您转变一下想法就好。您因为感到烦恼，所以对他态度不好，您觉得这是理所当然的是吗？"

妻子回想了一下之前对丈夫的态度，觉得确实有很多需要反省的地方。

对着拖着疲惫身体回来的丈夫尽是冷言冷语："不仅你累，我也很累。"

只一味地照顾孩子，对丈夫不闻不问。

这种情况持续下去，指不定哪天丈夫就想要出轨了。

"就当是骗自己，您就试着改变一下态度吧。"

之后，妻子的态度发生了变化。因此，这类案子几乎都得到了解决，丈夫不再出轨了。

这其中，还有对着因出轨而晚归的丈夫发脾气，把丈夫关在门外的妻子。

如果妻子道歉说："把你关在门外，很冷吧。"丈夫回以"是我的不好，请原谅我吧，以后不会了"的话，那他便不会再出轨了。

被出轨的人，因出轨而感到烦恼的人，转变一下自己的态度，这就是秘诀所在。

这里只是以出轨为例。实际上，这种思考方式适用于所有的争吵和纠纷。

想要避免争端，烦恼的一方就要先试着改变一下自己的态度。

在因纠纷导致运气下滑之前，请大家务必试试这个方法吧。

运气都写在脸上

运气都写在脸上。

虽说听起来有些不可思议，但就我的经验，这确实是事实。

我是一个律师，不是占卜师。但是，因为工作接触到很多委托人，就经验来看，这些人当中真的存在运气好和运气差的人。

运气这个东西并没有什么科学的依据，也和法律没什么关系，但见的人多了，好像不知不觉中就慢慢了解了。

比如像"原来运气好的人中这类人很多啊""原来如果这么做的话运气会不好的"之类的经验。

我的经验中有一条就是，"看这个人的面相就大致能看出这人运气的好坏"。按占卜的话来说，"福相"这个东西是真实存在的。

判断运气的好坏，是占卜师领域的工作，但代理人生大事的是律师，因为接触的人多了，也许也能像占卜师一样，多少读出一些人的运势吧。

关于这一点，不是我在法律事务所工作的时候，而是在我的私人事务所工作时发现的。

当时，我的事务所在大阪法院旁边的一栋大楼里。那栋大楼里大部分的事务所都是和我一样的律师租的，可以说是律师大楼了。

有一天，在工作的间隙，我从窗户无意间向下望去，看见了街上人行道上来来往往的人，那些人中有的人会来我所在的这栋楼里，还有人会穿过这栋楼到旁边的大楼去。眺望着这些来来往往的人，我思考着一些事情。

"噢，又有一个人走过来了。那个人不是来我们这栋的，他不进来……看吧，果然还是走过了。后面的那位女士可能不进来吧……看，这个人果然是我们这栋楼的客人啊。"在休息时，我会像这样判断来往的行人是否会进我们这栋大楼。因为只是让大脑放松，所以并不在乎判断是否正确。不可思议的是，几乎每次我都能猜中。终于，几乎能猜得百发百中了。

这还有点意思。下次我们来猜一下客人是否会进旁边那栋大楼吧。

刚开始我不怎么猜得中行人是否是旁边大楼的客人，但不一会儿就能猜中一些。十分钟以后我居然能全都猜中了。突然觉得这感觉有些可怕。对于来往的行人是否是来我们这栋楼的客人，我已经有相当强的第六感了。因为来我这里做咨询的委托人和这栋大楼里的其他客人一样，我能从他们身上感受到相同的情绪。但是，我不知道为什么我也能准确判断出他们是否是旁边那栋大楼的客人。我当然不认识那些人，也不知道他们为何而来，但为什么我能准确判断出来呢？我自己也感到非常不可思议。莫非，是因为我有超能力？当然，这是不可能的。一定还是有什么缘由的，所以我再一次若有所思地望着那些行人。

然后，我注意到了一件事。我们这栋楼的客人和旁边那栋楼的客人，脸上的表情有很明显的不同。

来我们这栋楼的客人多是一脸愁云，表情严肃。

我明白了。我们楼的客人，多是因为离婚诉讼或者解雇不当等案子来打官司的人，所以自然脸色都不怎么好。因为职业的原因，我很能明白这些人的心情，一脸阴云是很正常的。

相反，旁边那栋楼的客人清一色都是很平和的表情，是一种说不出的温和。

去的都是些做什么的人呢？我想着，重新抬头望了一眼那栋楼的标牌，原来那是某个志愿团体所在的大楼。

大概，去那里的都是想为他人服务的人吧，一定是因为他们有着从容不迫的心态，才会有那样洋溢着幸福的面容吧。

我能猜中到两个大楼的客人，是因为我能根据他们脸上的不同表情做出判断。

从我发现这个"奥秘"的那天开始，我就开始注意人们脸上的表情，有着幸福面容的人们，通常会有好运。

运气的好坏都写在脸上。

即使不是占卜师的律师，也能明白这个道理。

想要成功，需要运气

　　常年做律师这个职业，看过太多成功和失败的人，深深地体会到了很多道理。

　　比如，想要成功，需要运气。

　　不仅是现代社会，这是古今中外都通行的真理。

　　最近，喜欢历史的年轻人慢慢增多了，特别是《三国志》这部书，几乎被所有的年轻人所熟知。听说好像是因为以历史为题材的游戏和漫画非常火。

　　《三国志》中有这样一句话：

　　"谋事在人，成事在天。"

　　这是在中国三国时期非常有名的天才军师——诸葛孔明说的话。制定了打倒敌军的策略，看起来成功唾手可得，但是到最后，一场大雨导致了战争的失败。那个时候，孔明便有了这样的一声叹息。

人可以在事前计划好，但成功与否，在于天意。《三国志》这部书虽说是以中国历史事实为依据而著，但后世的人们对其情节进行了大量的改编，所以书上所著不一定全部都是事实，但诸葛孔明说的这句话我认为是真实的。

之所以这样说，是因为我觉得我和诸葛孔明有同样的感受。

不久前，我去声援了某位政治家。因为我认为日本社会想要有一点点进步的话，政治是一定要进步的。

哪怕只有一点点，我也想改变一下这个自私自利的社会。只有政治进步才能自上而下地改变这个社会，所以这是当时我认为最迫切的问题。

当时我很看好那位政治家。和我来自同一所中学，后来又毕业于哈佛大学的这位能者，我很期待他的才能。"如果是这个人的话，会很有希望"，抱着这样的想法，我担任了那位政治家后援会的会长。

不管是人力、物力，还是财力，我都尽最大努力去支持他。那次选举后，他成了国会议员。

在那之后，那位政治家担任了重要机关的副大臣，终于以主要阁员的身份进入了内阁。

"那他作为政治家，至少会对日本社会有一定的影响力吧。一定会做出一些贡献的。"

最终，在我欣喜于快要看到成果之际，那位政治家却因为癌症突然去世了。我多年来的计划也随之化为泡影。

从这件事中我开始相信，有时候，如果没有运气，是很难成功的。

另外，企图用政治来改变这个社会，充其量不过是我一个人所描绘的美梦，那本就是不可能的，我到现在才明白这个道理。

或者说，也许是我当时的自大，才招致了这样的不幸。

人是无法决定命运的。我们能做的，最多也就是承认决定命运的是一种不可思议的存在吧。

七个要素和六个关键词

到现在为止，给大家介绍的都是关于运气不可思议的地方。除此之外，我还会以我的经验向大家介绍一些关于运气的其他方面。

凭经验，我将运气的神奇之处总结为以下七个要素：

感谢、报恩、利他、慈悲、谦虚、仁德、天命。

简言之，天命就是"运气"，如果能了解这点，人就会变得谦虚。

如果一个人懂得"感恩"，怀有"报恩"和"感谢"的心情，自然也会变得谦虚。

熟知自己的"深罪"，便会升起"感谢""报恩""谦虚"之心。

利他、慈悲和"仁德"是相关的。而仁德是通过"善行"和"言语"表现出来的。

我将自己的经验法则整理为六个关键词：运气、罪恶、恩情、品德、言语、善念。

在本章中，我已经和大家聊了关于"运气"神奇（神奇可能比不可思议更加有表达效果）的地方。以下章节，想为大家依次讲述罪、恩、德、言语、善五个部分。

运气法则

运气是一种神奇的东西。

运气差的人，会被同样的麻烦"光顾"多次。

运气好的人是存在的。

辨别运气好和运气差的人是很简单的。

明明做了好事，运气却下滑。

辛苦的工作和伟大的举动里隐藏着高傲的陷阱。

即使做了好事但运气还是不好的时候，请确认自己是否保持了谦虚的心态。

与人的相遇能改变一个人的命运。

想要变得好运就要和好人打交道。

物以类聚，人以群分。

做好事的话运气会变好。

靠做坏事而取得的成功是无法长久的。

人陷入麻烦运气会下滑。

贪欲会招致不幸。

自以为是地坚持己见会导致运气下滑。

今日的健康本就是好运的结果。

争端导致霉运。

想要避免争端，烦恼的那一方要做出改变。

运气都写在脸上。

想要成功，需要运气。

幸运所需要的七种心态：感谢、报恩、利他、慈悲、谦虚、仁德、天命。

西中律师的经验法则整理为六个关键词：运、罪、恩、德、言语、善。

第二章

罪恶

抓住好运的人生秘诀

1万人の人生を見たベテラン弁護士が教える
「運の良くなる生き方」

道德罪会让运气下滑

作为见证了一万多人人生的律师，我由衷地感觉到，"不存在好的争斗"，因为争斗会使运气变差。

比方说，因为胜诉挣了一大笔钱，但是运气不好的时候就什么都没有了。实际上，靠争斗赚到的钱很快就会失去。作为律师，这样的大起大落我都见得烦了。

最好不要有争端。这是我的经验法则。

曾经我也有一些误解，以为人们一旦守法就不会再有争端。

但这是错误的。

因为"只要守法做什么都可以"这个想法本身，就是引起争端的原因。

因此我一直站在"道德罪"的角度来看待事物，而非"法律罪"。

法律罪，即违反了《六法全书》(《六法全书》是日本对常用法律工具书普遍采用的名称。"日本六法"一般包括日本国宪法、民法、商法、刑法、民事诉讼法和刑事诉讼法）所记载的法则的罪行。比如杀人、盗窃等普通人不会去犯的罪行。

与之相对的道德罪，就是虽然没有触犯法律，但是却给他人造成了麻烦的罪行。

总体上说，只顾自己好，做自私的事情来获取金钱、赢得社会地位和名誉，给他人造成麻烦的行为都是道德罪。

道德罪多是在无意识的情况下犯的。

比方说，一些人在升学考试或是就职活动中，总是想要得到很多合格名额。其实对他们来说，一个合格就够了，因为最后只能选择其中一个。但是，他们总是任性地去争取多余的合格名额。殊不知，这种任性阻断了他人获得合格的可能性。意识到我自己也犯了这种无意识的道德罪，是在我学习了道德学之后。道德学是法学家广池千九郎先生所提倡的、科学研究道德的学问。

人在活着的时候，一旦犯了道德罪，就要想一想道德学。

每天我们吃肉、鱼和蔬菜，就是在夺取它们的生命。

上班和上学的路上，也涉及道德学。修建那些我们每天都要使用的铁路和公路的时候，会有许多因事故而失去性命的人吧。如果没有这些人的牺牲，就没有这些通往工作地和学校的道路。

更何况，我们本身就是受着太阳和自然的恩惠而生存的。

所以，就算说我们生活的各个方面，其实都是建立在他人的牺牲之上，也并不为过。

道德学把这称为"道德的负债"。置道德的负债于不顾，运气也会下滑的。

相反，意识到道德罪，常怀有一颗感恩的心，就能防止运气下滑。

没有意识到道德的负债，也很容易引起争端。如果意识到我们的生命其实就是无数牺牲的结果，在被麻烦的时候想着"彼此彼此"之类的话，就不会想要和他人去争论了。

不争斗，意识到道德罪，感恩，便能还清道德负债了。

像这样下去，不幸会离你而去，幸运也会降临。如果不这样的话，不幸将接踵而来。

下面我就用自己经历过的真实事例，来和大家详细地讲述一下。

"不争斗"是做律师的基本原则

也许你会感到意外，"最好不争"居然是做律师的基本原则。

不管是离婚案，还是破产处理、遗产继承的案件，如果需要打官司，律师都能得到一大笔报酬。如果通过调解避免了纠纷，律师得到的最多就是一些咨询费用，无法获得太多利益。

因此，多数人都认为律师为了获得利益，会唆使委托人打官司，但事实并非如此。

因为，律师被教导要尽量避免争端。

法官、检察官、律师，都是处理法律问题的职业，如大家所知，这些职业都是必须要通过司法考试的。要通过司法考试，就必须要去司法研修所学习作为法律从业人员的实际业务。

司法研修所的教员教导我们处理纠纷的先后顺序应该是如下步骤：

1. 商讨解决。
2. 就算打官司也要和解。

简言之，教员教给我们的就是最好避免打官司。

我给人们的印象通常是，"西中律师说不能打官司"，但其实并非如此。我只说过"打官司对委托人来说是最不利的结果"。

因为不管是胜诉还是败诉，心里都会留有憎恨（我会在别的章节为大家详细介绍）。

以前，父母也曾教过我：

"不要招致他人的憎恨。如果被憎恨了，在这一世，你就会常被人盯上并拖你下水的。"

虽然听上去很不可思议，但在胜诉后却变得不幸的人是非常常见的。打赢了官司后公司却破产的、开空头支票被逮捕的、公司经理遭遇交通事故的例子数不胜数。

他们一定是招致了他人的憎恨，运气才会下滑的。

争端会留下憎恨，运气也会下滑吧。

所以，请务必牢记一点——最好不争。

妻子感恩，丈夫也会感恩

纠纷会招致不幸，避免纠纷，幸运也会降临。

下面我就来向大家介绍一个避免纠纷而获得幸运的例子吧。

有一年夏天，我接受了一位女性的离婚咨询。

她的丈夫在一家土木工程公司工作，因为喜欢喝酒所以经常晚归，夫妻关系因此也变得不和谐。丈夫每次回来的时候妻子都很生气，所以也没有去照顾他的饮食起居。

我劝她说："离婚不是什么好事呀，你还是再重新考虑考虑吧。"但这位妻子却说她已经无法忍受了，坚决要离婚。在我这儿抱怨了一会儿对丈夫的不满后，她就回去了。

一个月后，我们再次相见。来到我的事务所后，我发现她和上次的心情完全不同了。

"情况有变，我们不离婚了。"

她若无其事地说。我很吃惊。接下来她告诉了我事情的原委。

偶然有一次，她在乘坐电车的时候从窗户看到了丈夫的身影。当时正是正午刚过的时候，丈夫穿着工作服在挖掘道路。如雨的汗水打湿了厚实的工作服，看起来衣服的颜色都变了样。

"原来孩子他爸每天这么辛苦啊，每天都是这样工作的啊。"当时她这样想着。

实际上，那是她第一次看到丈夫工作时的样子，那时她才明白丈夫的工作有多辛苦，她才了解了现在的生活原来是丈夫如此辛苦的工作换来的。

"不感谢他的话真是要遭天谴啊！"妻子这样想道。

那天晚上，丈夫如往常一样喝了酒后晚归，但妻子却一点也没生气。

在那么热的天气里，流淌着汗水劳作，工作结束后想喝一杯冰啤酒是再正常不过的事情了。想到这里，妻子自然也允许了丈夫的行为。

和往常不同，丈夫回来的时候妻子慰问了他一句"辛苦了"，并温和地欢迎他的归来。

第二天下班后，丈夫没有去喝酒就直接回家了，他对妻子说：

"我总是回来很晚，对不起。从今以后我会尽量控制自己的。"

妻子改变了对丈夫的态度，丈夫也改变了对妻子的态度，在这桩离婚诉讼案中，夫妻双方都回避了争吵。

前些日子，我碰到了这位很久没见的妻子。听她说，从那以后，他们夫妻关系逐渐好转，回归了幸福的生活。

夫妻关系恶化的原因，通常不是某一方的过错，大多是双方的问题。

如果能意识到，我是在受对方的照顾，我是在为对方添麻烦的时候，自然就会产生感谢的心情，当然也就不会有争吵了。

　　如果感谢对方，就能避免争吵。

　　这对夫妇正是因为妻子的感谢避免了争吵，所以也会变得幸运。

遗产纠纷引起旧怨，运气也会逃走

　　与前面的例子相反，下面我给大家介绍一个因为纠纷而导致运气变差的实例。

　　当时我亲自参与了一个遗产纠纷案，从运气好坏的角度看，这是一个非常典型的案子。

　　在这个案件中，我的委托人是一个小工厂的经营人。在继承祖母遗产的时候，他陷入了麻烦。

　　本来，工厂有一部分的资产归祖母所有，祖母去世的时候，我的委托人和其姑母都具有同样的继承权，这便是引起纠纷的原因。

　　问题出在工厂内的土地上。在工厂的进出口处，有将近两百平方米的土地归祖母所有，姑母声称她和委托人具有同等继承遗产的权利。

关于这片土地的遗产继承，从法律角度来说，委托人和其姑母确实具有同等的继承权。

因为祖母留下了遗嘱，确定了遗产的法定继承人。姑母是逝者的孩子，所以是法定继承人。另外，委托人的父亲也是逝者的孩子，所以也拥有同样的权利。但在祖母去世之前，将委托人父亲的继承权给了作为孙子的委托人。顺便提一句，这叫作代位继承。也就是说，关于土地的继承权，委托人和姑母各持一半。

但是，如果将土地的一半转让给姑母的话，作为工厂经营者的委托人就将无法使用这个进出口。姑母提议，将土地的继承权全部让给委托人，只要支付给她继承土地部分的等额金钱就可以了。

但是，他的姑母却摆出一副高高在上的态度。"你想要那片土地是吧？既然想要就多出点钱吧。"

还要求付给她周围地价两倍的价格。

作为代理人，我费尽口舌去和其姑母交涉，但都无功而返。

如果无法使用这片土地，经营将会困难重重。所以最后，委托人只能准备高额费用来确保土地的使用权。

那之后过去了很多年，我从委托人那里听到了这样的消息：

"那之后不久，姑母就去世了。因为她的年纪也很大了。

"发生了那样的事，也无法和姑母一家友好地来往了。有一天姑母的大儿子突然打来电话。

"他找我借钱。好像是因为他挪用了公司的钱，公司让他还钱，如果不还的话公司就要起诉他。

"看着他如此厚脸皮地求我，我惊呆了。当然，我拒绝了他的请求。"

这位姑母因为争夺遗产继承权，让运气变差，这个不幸还殃及了子女。

所以，最好不要有争端，不然会让好运溜走的。请务必注意这一点。

无意识中犯下的道德过失

虽然不是法律犯罪，但从道德上来讲就相当于是犯罪了，这就是道德罪。

人活着，总会在不经意间做出对他人很过分的事情，但这种行为并不构成犯罪。

但是，真的什么罪都不是吗？

在无意识中伤害了他人，自己也许还想着：

"我也是没办法啊。"

但是，对于遭到伤害的人来说并非如此。

"那家伙如果在那个时候没有这样做的话……"

遭到伤害的人当然会这样想。

要是因为谁的行为对自己造成了伤害，想象一下就能明白，即使不是刑事犯罪，但从道德层面上看还是"罪"啊。

如果反省自己，你就会知道我说的话是对的。

比方说，我参加了两个学校的入学考试，两个都合格了。但实际上我只选择了大阪大学。而对于另一所大学，我是合格了却未选择去那里，意味着浪费了一个合格的名额。如果没有这个浪费，就不会造成他人因不合格带来的悲伤和苦痛，造成这种一个人让另一个人不幸的结局。

何况，即使两个大学都合格了也只能去一个，这是在考试之前就明白的道理。也就是说，从一开始就有牺牲某人的打算。

在做律师前，我做过数年的工薪阶层，在那个公司就职的时候，也做过同样的事情。

在找工作的时候，我收到了两个公司的录用通知。当然，我只能选择一家公司去工作。但是当我收到两个公司录用通知的时候就意味着其中会有某个人要做出不必要的牺牲。

"你说得有些夸张了。要是拒绝其中一家公司，后面的人就会补上来的。"

也许是这样。但是，即使落选的人在之后被通知又录取了，但当时被告知不合格的时候，一定很失望伤心吧。在再次被通知之前，也许有的人已经去了别的不想去的学校了吧。

为了证明自己的能力而瞄准两个合格，这种行为本身就是任性的。

这绝对算得上是道德罪了吧。

诚然，不管是谁都会犯这样的错，但是不能因为大家都是一样的，就认为这不是罪。

就算不是刑法犯，也应该以某种形式来补偿他人。

如果想要变得好运，就有必要去偿还那些自己所犯下的道德罪。

这是见过一万人人生的我的经验法则。

无法意识到的道德罪

不容易被意识到，这是道德罪的特征之一。

有时候是出于好心做了一些事，但实际上却是在犯罪，而且这种情况还不少。

出于工作性质的原因，我出席过很多人人生的重大场合。经历了很多事之后我才明白，人类意识不到自己是在一边犯罪一边活着。

我也做过那种出于好心但却给他人带来不幸的事情。

五年前，事务所的对面开了一家拉面馆。我很想去照顾一下他家的生意，所以就向参加我们事务所免费开放的"ETHOS舞台"活动的（第六章有详细介绍）每个人发了一张拉面馆的半价优惠券。

活动现场来了非常多的参会者，这家新拉面馆的生意一下子火爆了起来。

我对自己的行为感到很满意，"这里面有我的功劳啊，真开心"。

然而不久后，附近其他的拉面馆相继倒闭了。因为新店几乎吸引了大部分的客户。

我的本意并非如此，结果，我却成了新拉面馆夺取旧拉面馆客源的帮凶。

这便是在无意识的情况下做了让别人为难或者不幸的事情。

补偿那些无意识中犯的罪，是会开运的。

请不要忘记这一点。

自私自利是道德上犯下的罪

如果一个人过于自私自利，就有可能会犯道德罪，运气也会下滑。因为追求自身的私欲，就会轻视他人。

在做国会议员后援会长的时候，我由衷地感觉到，这个社会被私利私欲的诱惑所摆布的人真的很多。

事务所里也一样，想利用国会议员的权力为自己行方便的人越来越多。

想把父母送到敬老院，但是正常流程需要排很长时间的队，能不能想办法让他们早点进去呢？

想去能进行特殊治疗的医院，但是床位太少了很难进去。想要顺序更提前一点，能不能帮个忙呢？

想让儿子去好的地方就职，能不能帮我介绍一下呢？

行政手续太慢了，能不能帮忙早点处理一下我公司的请求呢?

实际上，过来做类似咨询的有权有势的人非常多。

但是，谁都没有意识到让自己的顺序提前，改变自己顺序这种事本身就是在"犯罪"。让自己的位置提前，给那些被跳过的人带来了麻烦，这种做法是不好的。

然而这样的人真的很多。

因为没有触犯到法律，所以也不会受到刑法的惩罚，而且还能获得利益，所以就想继续这样下去。

但是他们也忽略了一点：

做这种事，运气会变差。

在做后援会会长的时候，我从未利用国会议员的权力去解决自己的问题。妻子知道后跟我说："你在这方面做得还是很好的。"

这就是为什么我知道即使犯了非刑事犯罪的道德罪，运气也会下滑的原因。

自私自利会导致运气下滑。

请谨记这一点，注意不要让自己的运气变差。

聪明反被聪明误

让运气下滑的道德罪的力量是非常强大的。

比方说，奸诈、狡猾的生活方式到最后必定会遭到不幸的反噬。

在这个世界上，人们往往认为凭借狡猾获得利益的人有很多。可是，这很可能是一种错觉。

到目前为止，我遇见过很多奸诈狡猾的人。这些人通过钻那些意想不到的法律的空子来赚钱，最后也没有受到刑罚的处置。

即使用一时狡猾的方法得到了利益，最后也必定会沦落。我所见过的奸诈狡猾之人皆是如此。

我虽不是像他们一样的奸诈狡猾之人，但也经历过同样的事情。

那是在我刚成立个人事务所不久后，四十几年前的事情了。

当时为了削减一点事务所的经费开支，我差点做了非常吝啬、非常羞耻的事情。

严格来说，还有可能涉及欺诈。虽说这是作为律师很怕被别人知道的不耻行为，但因为是四十几年前的事情，已经过了时效期，所以我现在是带着忏悔之心向大家坦白这一段故事。

当时，我打算拒绝缴纳事务所的NHK（日本放送协会）的收视费。

NHK的职员来到事务所收取电视费，我以"事务所里没有电视机"为由拒绝了缴纳费用。NHK的职员当然对此表示怀疑，因此为这事反复来了好几次。

NHK的职员没有权力检查室内是否有电视机，因此我便打算就此糊弄过去。

因为不想交钱而撒谎，本身性质就是恶劣的。这比说

"我不喜欢NHK，所以我不想交收视费"性质更恶劣。总之，为了获取利益而欺骗他人，可能就涉及欺诈罪。

但是，当时的我只是因为事务所经营情况不好，就打算做这种羞耻的事情。因为我没有会被调查的担心，也完全没有事情会暴露的羞耻感。

然而，这件狡猾而羞耻的事情终究还是没做成。

在那之后不久，我偶然发现事务所的电话费非常贵。调查后才发现，事务所的一位职员在我不在的时候多次偷偷地给南九州的老家打私人长途电话。

在我质问他的时候，职员小声地嘀咕道：

"您不也在耍小聪明吗，我以为没被发现就行。"

以为没被发现就行。我在拒绝支付NHK收视费的时候，和这个职员也有相同的想法。我想起了某位朋友说的话：

"人在做，天在看。"

的确如此。耍小聪明的人总有一天也会被小聪明耍的。

担任着维护社会规则角色的律师，就更加不应该去歪曲社会的法则了。

我看着职员的小聪明，突然意识到了自己的愚蠢。

那之后，我去缴纳了电视费。现在想起来，也感谢职员打了那些长途电话。

聪明反被聪明误。

想要抓住幸运的尾巴，一定不要忘记这点。

律师"罪孽深重"

道德罪一旦犯了，便是你怎么挣扎都难以挣脱的。而且有的时候，这种罪行还会招致非常恐怖的结果。

请好好认清这个事实，如果不去偿还那些无意识中犯下的道德罪，是绝对无法抓住幸运的。越是犯恐怖的罪行，越是要偿还深重的罪孽。我相信不会有人比我更明白这个道理了。

因为，我已经"杀"了三个人了。

当然并不是那种"用刀杀人"，不会受到法律制裁，但我的行为导致了三人的死亡，这却是事实。

现在我想来坦白我的罪过。

第一个牺牲者，出现在我刚刚成为律师的时候。

一位客户委托我去催收某个人的债款。作为代理人，我去找债务人，催促他说"已经都过了约定的还款期限了，快还钱吧"。那个人好像被逼得走投无路了："我现在真的有点困难，能不能再宽限几天？"他不停地恳求我延期。

我将债务人的请求转述给委托人听，但对方是非常严格的人，坚持"不能延期"。律师是委托人的代理人，不得已要和委托人一样，对债务人采取同样严格的态度。于是，我用电话和书面通知的形式，不断催促其不要违反约定，"快点还钱"。

然而，在我打了最后一通电话的一周后，那个债务人自杀了。在遗书中他这样写道：

"我拜托西中律师延期，但他拒绝了我的请求。"

律师是委托者的代理人。委托人严格，代理人也必须严格，年轻的我当时是这样想的，然而却造成了这样严重的后果。

如果我没有对债务人穷追不舍，那个人也不会被逼得去选择死亡吧。总之，是我恶劣的方式导致了他的死亡。

正因为我的不成熟，明明不用死的人却死亡了。

不管法律如何，从道义上来说，我就是杀了人。

现在，我会劝诫那些遇到和我同样状况的年轻律师：

"你不能乱来。他没有说不还，只是希望能宽限几天。所以不能对他太苛刻了。"

因为我年轻的时候就犯了错误，所以不想让其他年轻的律师犯同样的错误。

第二个牺牲者，出现在我从和岛岩吉律师的事务所里独立出来后不久。

当时，我在调查某个官司中一个七十多岁的男性证人。

作为律师，我必须要尽可能地证明对委托人有利的事实。出现对委托人不利的言论，我就要调查言论中是否有矛盾的地方，如果有矛盾，那就说明可能是不真实的。律师的工作就是要彻底追查，还原事实真相。

这个证人的证词里有矛盾之处，因此，我像以往打官司那样，严肃地追问并指出了他证词中的矛盾点。

我原本以为，这对我来说是理所当然的工作。

然而，当我指出他的矛盾，追问他这到底是否为事实的时候，这位七十多岁的证人突然在法庭上倒下了，然后被救护车送到了医院。

我开始慌乱起来。没想到对方会被问得失去意识，我并没有打算对他进行心理上逼问的。

"对上了年纪的人那样，我是不是做了很过分的事？"

但我转念又想，

"这是打官司，也是没办法的事情。"

在那之后过了两天，那个证人在医院去世了。

我愣住了。我只是做了作为律师该做的工作，却完全无法想象这会导致他人死亡。

我由衷地感到，律师真的是一份罪孽深重的工作。

因误解而自杀

歧视现象在东日本好像比较少，现在关西大部分地区也减少了很多，但在过去的大阪，却是普遍存在的。

说起歧视，我遇到过一件让我一生都无法忘记事情——在某件歧视案件的咨询中，因为我的草率行为而导致了一个人的死亡。

这便是因道德过失而导致他人死亡的第三起案例。

在我独立经营个人事务所的几年后，接到了一个有关婚姻歧视的案子。咨询人在电话里陈述了大概的情况。

咨询人的女儿提出要和某位男士结婚，但是遭到了对方父母的反对。理由是他们对女方的家庭有歧视思想。

给我打电话的是女儿的母亲："女儿不能结婚是我的

错。我女儿太可怜了。"

我为了更详细地了解事情的经过，便上门拜访了她。

那天下午，时间过得很快，从三点左右开始一直到六点多，我们聊了很多。

"时间不早了，一起去吃晚饭吧。"她对我说道。

她好像准备了天妇罗，但那天我非常忙，午饭也吃得很晚，并不是很饿。

所以，我想也没多想，就客气地说："不用了。"

当时，我注意到这位母亲的样子有些奇怪，脸色变得很难看。但我并没有太在意，以为是自己的错觉，因为话也问完了，便与她分手回了事务所。

在那之后过了两天，一个令人震惊的电话打了过来：那位母亲自杀了。

"我被律师差别对待了，所以只有一死。"

在她的遗书里这样写着，让我感到无比的震惊。

"律师没有吃我做的饭，是因为他觉得不干净。"

那位母亲居然将我拒绝吃饭的理由误解成这样。

我应该向她好好解释清楚的。当看到她奇怪表情的时候，我居然没有意识到自己是被误解了。

我感到痛彻心扉的后悔，但是已经晚了。失去的生命是无法挽回的。

我的行为虽不会被问责为刑事杀人罪，但结果却和杀人是一样的。我觉得，犯了罪是需要偿还的。

实际上，在那之后，一个倡议举行"拒绝歧视"活动的团体还就这件事来我这里进行了调查。虽说为时已晚，但我还是将事实说了出来。我本没有歧视的意图，单单只是肚子不饿。让我大感意外的是，他们很自然地接受了这个理由。

他们也许是因为看到了我目前的工作情况吧——我一直是站在弱者一方进行律师工作。

"他已经为解决歧视问题尽力了，那位和岛律师的徒弟，应该不会有歧视思想吧。这一定是误会。"

就这样，我得到了大家的理解。

犯了无法饶恕罪行的我，受到了恩师仁德的庇护。

我们总是在无意识中犯下了许多罪行。却也在不知不觉中，受到了很多恩惠。

这件事教会我的这两个道理，我一辈子都不会忘。

运气法则

纠纷会让运气变差。

道德罪多是在无意识的情况下犯下的。

如果置道德罪的负债于不顾，运气就会下滑。

意识到道德罪，常怀感恩的心就能防止运气下滑。

争端会留下憎恨，运气也会下滑。

如果对对方怀有感恩之心，就能避免争端。

因遗产继承引起争端造成的不幸会殃及子女。

为了证明自己的能力而以两个合格为目标，这种行为本身就是任性。

自私自利会让运气下滑。

过分追求私欲会变得轻视他人。

聪明反被聪明误。

律师真的是罪孽深重的工作。

自己无意识中可能已经犯下了很多罪行。

不知不觉中我们已经受到了很多恩惠。

第三章

恩情

知施恩懂报恩，会开拓好运气

半个多世纪的律师经验，见证过那么多人的人生，让我深刻地认识到，道德的负债能极大地左右人的命运。

道德的负债是道德学的术语，它包含两个方面的内容。一个是人在一生中所犯下的没有触犯法律的道德罪，这个在前面的章节已经详细介绍过了。

另一个就是道德的负债，也就是人在一生中所蒙受的恩惠。

首先，是太阳和自然给予的恩惠。这是任何人都能享受到的恩惠，如果没有这一恩惠，人类是无法生存的。

其次，是他人给予的恩惠。按照道德学理论，对我们人类而言有三大恩人。

1.国家的恩。

2.父母和祖先的恩。

3.教育的恩。

首先，因为有国家的存在，人民才有生活。没有任何一个人能创造生存所必需的全部。我们所必需的这些东西几乎都是由他人创造出来的。这样的分工之所以成立，也是得益于我们国家组织机构的运行。

其次，如果没有父母和祖先，我们也不会存活于世。每个人都有给予我们生命和血液的父母。父母加上他们的父母便是$2 \times 2 = 4$个人了。每往前追溯一代祖先，人数就以两倍的速度增加。往前追溯十代祖先，加起来就有2046人了。

如果在这两千多人的祖先中，只要有谁谋杀了自己的孩子，哪怕只有其中的一个人，我就不会存活于这个世界了。

第三类，教育的恩，即恩师的恩情。人在努力生活的过程中，会发生各种各样的事，所以各种知识、智慧和技术的储备还是有必要的。正因为有教会我们这些储备的人存在，我们才能生存下来。

和道德罪一样，这样的恩惠是道德的负债。就算只偿还一点点负债，运气也会变好。

但是，也有无法偿还恩情的时候。子欲养而亲不待，说的就是这种情况吧。另外，太阳和自然的恩惠也是我们无法偿还的。

这时，就不需要我们去直接偿还施与我们恩惠的人，而是偿还给别的人。将从某人那里受到的恩惠偿还给其他人，那个人再将自己的恩惠偿还给他人。这样下去，恩惠便在世间循环往复。

将恩惠传递给他人，就叫作"施恩"。

下面我就用实例来向大家介绍一下，恩是什么，报恩会如何，不报恩又会如何。

200万人的恩

我是从大阪府立北野高中毕业的。演员森繁久弥先生是我同校的前辈，我上学期间，他来学校做过演讲，到现在我都忘不了他当时的那一番话。

演讲的题目是《向200万人致谢》。演讲开始，森繁先生问我们："从出生到十五岁，你们受到了多少人的照顾呢？"

下面没有一个人能回答得上来。然后森繁先生又对我们说：

"因为有200万人的存在才有了我们的现在。

"刚生下来的小婴儿喝的奶粉，是很多人辛勤劳作的结果。饲养牛的人、将牛奶集合运送的人、将牛奶制成奶粉的人、运送奶粉的人、店里售卖的人、将奶粉买回来冲泡给我们喝的人，正是得益于这些人的存在，才能制作出养育我们长大的奶粉。

"稍大一点吃的食物也是一样。而且，也正是得益于很多人的存在，才有了我们平时穿的衣服、我们生活的家、我们上的学校。没有这些人，就没有我们现在的生活。

"十五年间，所有给予我们照顾的人加起来，大约有200万人了。因为这些人的存在，我们才能得以生存。

"因为你们是才十五岁的高中生，所以到目前为止无法独立制作出一个东西。你们现在所拥有的，都是依靠他人，依靠你们的父母和祖先才得到的。"

森繁先生最后以这句话来结束那次演讲：

"因为有这200万人的存在，我们才能得以生存。我们要感谢他们，向他们致谢吧。所以也绝对不能糟蹋自己的生命。"

之所以这样说，是因为当时在北野高中出现了很多自杀者。他告诉我们，在我们的身上担负着200万人的恩情，也是想以此告诫我们要珍惜生命吧。

当时年轻的我听了森繁先生的话，受到了强烈的冲击。因为这群庞大数量的人，我们才得以生存。我决定时刻铭记这个事实。

不要忘记受之于他人的恩情。

想要变得好运，这也是非常重要的一点。

比方说，想要变得好运，就必须要谦虚。虽然我们都明白要这样做，实际上却常常难以实行。我自己也会如此。

但是，一旦想到我在受着无数人的恩惠，那些傲慢的情绪自然就消失了。

不要忘记恩情。

这是改变运气的根本。

改变运气的第27周年忌

作为律师，我做过很多纠纷案的咨询。其实引起这些纠纷的根源多是人与人之间的怨恨。怨恨是很棘手的，连亲近的人之间都会产生怨恨，甚至很多人无理由地就怨恨自己的父母、兄弟、姐妹。但是，怨恨是不好的。

因为怨恨会让好运离你越来越远。

相反，消除怨恨，运气会不可思议地变好。

我曾有一个七十多岁的委托人，他是一家公司的社长，有一天跟我做完生意相关的咨询后，突然和我说了这样的话：

"其实，我的母亲很早就去世了。"

经常会有委托人和律师聊到自己的成长——在和对方

86

交往还不深的时候，想要和对方拉近距离，通常就会聊一些自己童年时代的事情。

委托人和律师谈到自己的成长，其实也就是希望能得到律师的理解，希望像自己人一样，能顺利进行之后的谈话。

当时我听他说起自己童年的时候，也以为和以前的情况一样。

"母亲在她三十五岁的时候，突然生病去世了。那时的我才十二岁。因为太小了，所以生活得很艰辛……"

他母亲去世的时候是昭和三十年（1955年）左右。那时日本还处于非常贫困的时期，能想象出当时他经济非常困难的样子。

"从那时开始，一直都过着非常艰苦的日子，所以我开始怨恨起我的母亲。

"'我遭受如此的痛苦，都是因为母亲一点也没有尽到她作为母亲的责任。'我就是抱着这种态度活着的。"

他这样想当然无可厚非。想到昭和时期的那个情况，我也会这么想。就算没有遭遇如此悲惨的事，可能也会怨恨自己的亲生父母，何况是经历了那么长时间的苦痛。我听着都能感受到他的艰辛。

然而，那个人痛苦的表情在说到这里时发生了变化。

"在母亲27周年忌日的时候，姨母对我说了这样的话：

"'我的姐姐，也就是你的母亲，在生命最后的最后，一直在向大家托付你。

"'明明自己的身体已经虚弱到吃不下任何东西，头脑也不清醒了，甚至连躺在旁边的是谁都不知道了，她还在向医生，向护士，向我，向她周围的每一个人，不断地拜托你的事情。

"'"请把我的孩子……我的孩子……"

"'一直这样不停地不停地拜托着，直到最后死去。'

"听到这些，我突然明白了。

"幼年失去母亲的我的确是痛苦的。但是，留下如此年幼的我逝去的母亲，一定比我要痛苦十倍百倍。

"当终于意识到没有对母亲尽到孝道的时候，我从心底感到抱歉。"

那个人哭了，我的泪水也止不住地流了下来。

听了姨母的话以后，他对母亲的怨恨完全消失了。后来，他成功经营了一家公司，过着幸福的生活。

我想，应该是因为他意识到了母亲的恩情，才改变了他的命运吧。

消除恨意、减少争斗，运气会变好

怨恨自己父母这种事，我也有过。

那是小学二年级时候的事了。当时我在学校文艺汇演的《浦岛太郎》节目里担任主演。

"妈妈，我演浦岛太郎，你一定要来看哦。"

"知道啦知道啦，我一定会去的。"

可是到了当天，母亲一直都没出现。回到家后我便质问她：

"妈妈，你为什么没来？"

"对不起，对不起……"

之后我才知道，母亲在做粘贴包装袋的兼职，必须要在截止期前完成工作。

没有母亲不想出席自己可爱儿子主演的节目。每想到母亲当时的心情我便会反省，当时的自己确实做了很过分的事。

到现在，我发现很多来做法律咨询的都是因为兄弟相争，究其原因，大多都是因为嫉恨。"其他的孩子能得到这些，为什么我得不到。"都是类似的想法，对彼此抱有成见。

也就是和其他兄弟比较而产生的嫉恨。

但是，一味地和他人比较，争斗就会增加，运气也会变差。因为争斗是不幸产生的因素。

长时间的律师经验，让我能够下这样的断言：

比较产生怨恨，怨恨产生争斗，争斗产生不幸。

这是我的经验法则，请大家务必牢记。

森信三先生的《修身教授录》里面也有这样的话：

"烦恼是从比较中产生的。"

谁都讨厌和他人比较。"你的父亲如此杰出，为何你就不行？""你哥哥能做到为什么你就不行？"等等，如果被这样说，任谁都会很讨厌吧。

减少怨恨的最好方法，就是不要去和他人比较。

当然，消除怨恨，最好还是多学习他人的经验。

小的时候会怨恨父母很多事，但是等到自己父母年老的时候，怨恨便自然而然地消失了，这种事也是常有的。

这大概是因为自己有了与父母同样的经历，才了解了父母的心情吧。

"他们好像更宠爱大哥一些，但其实不是的。只是在抚养我的时候经济条件不好，无法提供和大哥同等的费用而已。"

像这样，理解一下父母的心情，就不会有怨恨的情绪了。

除了自己所经历的，也要多去倾听别人的经验，这样更有利于消除我们心中的怨恨。

总之，想要变得好运，要尽早意识到他人的恩情，消除怨恨，尽可能地减少争斗。这是我作为律师的经验法则。

招致他人的怨恨，运气自然会下滑

打官司就是解决争端。如果一方胜利，必定会招致失败对手的怨恨。

如果招致了怨恨，就会被对方拖下水。也就是说，运气会变差。

所以最好是避免打官司，和平解决争端。

作为律师，我可以这样断言。

即使争斗胜利了，但当时的对手会成为自己之后的阻碍，这种事情意外地时有发生。

以前父母还健在的时候这样说过：

"绝对不能做招致他人怨恨的事情。"

在我还小的时候，我会问他们："为什么？"

"听好了，招致了他人的怨恨，那个人死后不管是在天国还是在地狱，都会一直盯着你的。

　　"因为他们一直都在瞄准拉你下水的时机。

　　"他们一直在等待着你的失误。在那个世界里紧紧抓住你的双脚。他们叫着：'下落吧……下落吧……'最后把你拉下地狱。

　　"招致他人怨恨，那个人就会将你拉下水。所以千万不能去招致他人的怨恨。"

　　等长大当了律师，我也一直没有忘记这些话。即便作为律师，我也尽量避免去打官司，也许也是因为如此。

　　招致他人的怨恨会使运气下滑。

　　父母教给我这个道理的恩情，我绝对不会忘。

诚心照顾父母，运气会变好

作为律师，见证过形形色色的人生，由衷地感受到运气的不可思议。我虽也完全不明白这其中的缘由，但是却见过很多运气发挥作用的事情。

下面我要说的就是其中一个例子。

兄弟五人都离开了父母独自生活。随着父母年事渐高，他们希望回到老家滋贺县生活。但是滋贺县的老房子已经卖掉了，如果要回去养老的话，必须买一所新房子。遗憾的是，父母经济并不宽裕，为了实现二老的心愿，只能是兄弟五人中有人来出这笔资金。

"谁来出这个钱呢？"

兄弟商量得不太顺利，还产生了一些纠纷。这无可厚非，毕竟要建一个家需要一大笔钱。最后，二儿子表态："我在滋贺县建一所房子，然后和父母同住吧。"

也就是说，他决心要实现父母的心愿，这除了要出一大笔钱，还要照料二老以后的生活。

我见过一次二儿子，原本觉得他是五个兄弟中比较贫穷的。

但是，事实并非如此。

他在滋贺县买了土地，建了房子，和父母一起移居到了那里。几年后，当地突然有高速公路修建的计划，那片土地的价格一下子暴涨了很多。

实现父母的心愿，照顾父母行孝道，自然就会被幸运眷顾。

虽然不可思议，但幸运确实常会围绕在那些尽孝道的人身边。

将利益得失置之度外，一心"为了父母"，不管在哪儿，幸运都会伴随着你的。

面对我工作的失败，说出"真好"的恩师

成为律师后不久，我就进入了和岛岩吉律师事务所工作。

和岛先生是日本律师联合会的会长，他从来都是站在弱者的角度去做辩护，是一位非常优秀的律师。

托他的福，我在事务所里受到他四年的照顾，我非常感谢他教会了我很多。

和岛老师教给我的很多东西，都成为我职业、人生和生活方式的基本准则，现在让我印象最深的，还是某次失败的工作经历。

那是接到原暴力团伙某男子的委托，去担任一起欺诈案件的律师。

首先，我申请了保释。用200万日元的保释金将委托人从看守所赎了出来。第一步进展得很顺利。

第二步就是在法庭上，按照委托人的希望，以缓刑为目标。这也是最重要的一步。即使被判有罪，但是如果缓期执行的话，就可以不用进监狱了。

"委托人对自己的罪行十分后悔，再次犯罪的可能性很低。"

我为了让审判官接受而努力辩护，最后的结果当然是成功地判决为缓期执行。作为律师，我的工作圆满完成了。

按照委托人的期望打赢了官司，我便向委托人收取了约定的100万日元的报酬。虽说是一大笔钱，但我知道他能够支付得起。审判结束的时候，法院返还了200万日元的保释金，作为代理人，我暂时保管着这笔钱。

"那我就将保管在我这儿的保释金中的100万作为报酬收下了。"

但是，被索取报酬的委托人却这样回答：

"还是直接把那笔钱全都给我吧。实际上，那200万是组里帮我出的。但我打算金盆洗手了，所以必须要把那200万还给组里。"

将向暴力团伙借的200万保释金原封不动地还给暴力团伙，然后与其切断关系。我听到这里，觉得这样也不错。

"那就把钱全数还给暴力团伙吧。我的报酬晚些给我也没事。"

然后，我就把200万原封不动地给了委托人。"谢谢您，您的报酬我之后一定会付给您的。"他眼泛泪光地对我说完这些就回去了。

我原本完全相信委托人会彻底切断和暴力团伙的联系，回归到健全的正常人生活中，我以为自己做了正确的事情。

然而，我还是太天真了。那之后，委托人便下落不明了，当然我也没拿到相应的报酬。

那个委托人是欺诈案件的犯人。我很后悔，我早该想到他会花言巧语地逃脱支付报酬的。

我还是要跟和岛老师说一下的。我太幼稚了。这100万不是我个人的报酬，而是给我工作的和岛老师事务所全体的报酬。因为年轻的我的失误，给事务所带来了麻烦。

我战战兢兢地向和岛老师说了这笔报酬金的损失。

然而，老师却这样说道：

"这也挺好的。不是吗？"

我怀疑自己听错了，想必当时的我表现出了一副不可置信的样子吧。老师教导我说：

"你一定很后悔自己被骗了吧，但是这是个好的经历。想必你也很明白被骗后的心情，希望你千万不要成为欺骗他人的人。"

遭受过重创的人，就会为弱者的一方辩护。

和岛律师，就是这样优秀的人。受他的熏陶，我也开始了我半生的律师生涯。

我永远不会忘了他的这份恩情。直至今日，我仍然深深地感激他。

给儿子树立孝敬父母典范的妻子之恩

我由衷地感到自己是一个幸运的人。我和妻子都已经七十多岁了，得益于大儿子，我们的晚年没有什么后顾之忧。

其实，这都要归功于我的妻子。她是一个很善良的人，长久跟她在一起，我也变得很幸运了。

那种幸运是这样的。

大儿子现在四十多岁，在一家大型超市工作。由于超市的综合职位调动，现在，大儿子在名古屋分店工作——他说他希望到我们所在的关西地区工作。

"从综合职位调到地方，这样就能一直在关西待着了。"

"如果到地方上来，工资会大幅减少吧。为什么要调职呢？"

"父亲母亲年纪都大了，我很担心你们。"

儿子明明知道收入会减少，但为了照顾我们夫妻的晚年生活，还是选择了换岗位。能有如此孝顺的儿子比什么都高兴，我不禁充满了感激之情。

在那个时候，对儿子的感激之情自不用说，对妻子也是无比的感激。

因为大儿子的孝行，都是以妻子为范本的。

妻子真的是在全心全意照顾我的母亲。

我很长时间都未尽到孝道，母亲卧床不起的时候，我决定回老家。但是因为还有工作，所以实际上很难尽心尽力地去照顾母亲。最后，从看护到后面的照顾，我的妻子全替我分担了。

"一直以来真的是太感谢了。"

母亲活到九十八岁去世，在她临走前向妻子表达了她的感激："弘美，谢谢你！"因为这一句话，妻子长久以来的辛劳全都烟消云散了。

"父母年老了，孩子就应该照顾他们。"

大儿子看到妻子舍身忘我地照料母亲的身影，他一定是这样想的吧。

我什么都没做，妻子却给孩子树立了一个典范。多亏了她，等着我们夫妇的，才是一个幸福的晚年。

妻子的恩情，给了我们一个幸福的晚年，我无比地感激她。

珍视恩人

　　在大阪有一个十川橡胶制造所。它是日本橡胶管的大制造商，关于它的创立者十川荣先生，有一则这样的趣事。

　　十川先生年轻的时候在一家卖橡胶制品的小店里面工作。他是个早出晚归、全身心都扑在工作上的好青年，深受店主和老客户的信任。虽然他的收入微薄，但为了将来仍在一点点地存钱。然而有一天，十川先生工作的店铺突然倒闭了。因为店主爱喝酒，疏于店铺经营。店铺倒闭后，债权人蜂拥而至，将店里的东西甚至是店主的家产全都没收了。看着这情形，店员都接二连三地离开了。

　　然而，让离开的同事都惊讶的是，十川先生留了下来。当然，他也有找其他公司的选择，但是认真又守信用的十川先生，拒绝了来自其他店铺和公司的高薪邀请。

"我不能用高薪水来决定我的道路。我不能舍弃一直照顾我的店主。"

问他原因的时候，他这样回答道。

在店主的家产被拍卖的时候，十川先生把自己全部的积蓄拿出来买了这些家当，然后交给了店主。

帮助店主后，慢慢地他自己也独立了。那时候有很多看中十川先生人品的人提出要支援他的事业，很快，他的公司也发展起来了。

公司成长起来后，十川先生聘请他之前的店主来担任工厂的厂长。在那位店主去世以后，还帮忙照顾他的家人。

当被问到"为什么会这么做"时，十川先生回答说："因为店主是我的恩人。是他教会了我工作，指引了我前进的道路。"

就是因为十川先生如此地珍视自己的恩人，才得到了社会的信任。

著名经营学家德鲁克曾说过：

"经营学家必须要掌握的资源不是天才般的才能，而是品性。"

品性即人的道德品质。

无法忘记恩人的道德高度，引导了运气的发展。

我也想学习十川先生，磨炼自己的品德。

运气法则

恩是道德的另一种负债。

国之恩，父母和祖先之恩，教育之恩是三大恩。

接受恩情，偿还负债，运气会变好。

如果无法直接向施与我们恩惠之人报恩，那就施恩给其他人吧。

意识到母亲的恩情，运气会变好。

招致他人的憎恨运气会下滑。

不可思议的是，幸运会徘徊在尽孝道的人周围。

大儿子的孝道是以妻子为范本。

无法忘记恩人的道德高度，引导了运气的发展。

第四章

品德

品德决定运气

看多了运气好和运气差的人，我得出了这样的结论：

运气是由人的品德决定的。

品德越高尚的人，越能感受到好运。即使乍看上去他们生活得不尽如人意，但好运总会站在他们身边，助他们成功。品德低劣的人，即使一时能够成功，最终也会因为被运气抛弃而衰败。

作为律师，我见证过很多次运气被品性善恶所左右的实例。

运气被品德左右，不仅是我一个人的经验法则。实际上，从古至今，这个道理也被人们所熟知。

比如，距今两千多年前，中国有位思想家叫孟子。他曾说过这样一句话：

"修其天爵，而人爵从之。"

天爵，即天赐的爵位。爵位即指地位，天爵是上天所赐予的地位，也就是指精神道德。

与之相对应的人爵，指社会地位。具体就是金钱财富、学识、智力、权力等。

因此，孟子的话是这个意思：

"人修养自己天爵的道德，便能水到渠成地获得财富与权力等人爵。"

孟子所说的，就是人具有高尚的道德品质，运气自然会变好。

一味地想得到财富和权力，不修养自己的道德也是徒劳。

不如先修养好了自己的道德，财富和权力自然会随之而来。

想获得幸福，所以产生了贪图财富和权力的欲望等。但其实如果一个人道德高尚，就能怀着一颗充实的内心活着，自然也就能被好人包围而幸福地活着。对道德高尚的人来说，得到财富和权力反倒是次要的。

不可思议的是，道德高尚、不追求财富和权力的人反倒运气会变好，更容易得到财富和权力。

人的道德和运气有着密不可分的联系。下面我会以我的经验向大家介绍一些实例，来说明这个道理。

决定运气的是人性

赞美人的话有很多种。一个人被赞美，那就是说他身上还是有一些优点的。

不管因为什么事情被赞扬，心情都会很好吧。我偶尔会这样想：

"运气变好的人，做什么事都会被赞扬吧。"

有能力、聪明、能干……这些都是对能力的赞扬。能力和赚钱是有联系的，所以在当今社会，有能力的人是受人尊重的。

也许有的人会觉得在这个金钱主导的社会，有钱人可以为所欲为，但现实并非如此。也有很多很有钱却不幸的人。

可见即使被人赞美了能力，也不能就认为"运气会变好"。

还有一些其他赞美的话。

比如说漂亮、可爱、帅气、美男子（最近好像不怎么说"美男子"，而是说"帅哥"）、个子高、气质超群，等等。这些语言都是来赞美外貌的，在意外表也许是从古至今人类的天性。

也许很多人认为容貌好的人被大家所喜爱，就会变得幸福，但事实却并非如此单纯。不少漂亮的女性都过得不幸，也有因为帅气才导致落魄的男性。

外貌的优劣，并不能被当作判断运气好坏的标准。

难道没有其他赞美的语言了吗？当然还有。

温柔、靠谱、守信、正直、认真，等等。这是对人的品性的赞美。人的品性和赚钱没有直接的联系，也不会被大家关注。品性好并不会被讨好，也不会被优待。

然而，与其被赞美说"你很能干啊"，我更开心听到别人说"你很温柔啊"，相比被北新地（大阪梅田的娱乐区）的老板娘说"你是个美男子啊"，我更愿意听到"你是个可以被信赖的人啊"。

能力强也好，外貌姣好也罢，其实，与运气好坏密切联系的，还是人的品性。

例如，在上市公司决定下一届社长的时候，最重视的不是候选人的业绩，也不是能力的高低，而是他的品性。

当然，生存需要金钱，也需要能力和地位。在人际交往中，外貌也是不容忽视的一个要素。

但是，金钱、能力和外貌，终究不过是生存的道具。能否带来幸运，还是由人的品性来决定的。

相比"聪明""帅气"之类的赞美，我们更乐意听到别人说自己"温柔"，就是这个道理。

决定运气的是人的品性。

这是在见证了一万多委托人的不幸和幸福之后，我得出的结论。

律师的人性

目前，日本律师的收入差距在渐渐扩大，连基本生活都无法保障的律师急剧增多，而近十五年来，年收入300万日元的律师数量增加了两倍。

造成这种现状的原因，是小泉内阁的改革。司法考试难度降低，律师的数量增多。我是在五十多年前参加的司法考试，当时的合格率大约是1/50，然而现在的合格率在1/3甚至1/4，与之前相比合格率提高了十倍以上。

在以前，律师的儿子通过司法考试继承家业的人，是少之又少。然而现在，据我所知道的，律师的儿子如果自己想要做律师的话，大部分都可以接任自己父亲的工作。

随着司法考试难度的降低，合格者激增，现在律师行业已形成了过度竞争。律师收入差距不断拉大，不少人的生活质量急剧下降。

现在，就算通过司法考试，生活也不会就一片光明。因此，有通过了司法考试却放弃开律师事务所的人，也有通过了司法考试却从事了完全不同领域工作的人。

在这样一个竞争激烈的时代，对于律师来说，至关重要的可能就是他们的品性了吧。

给大家举个例子，这是我事务所以前一个年轻律师的故事。

他是一个非常懂礼貌的人。对委托人当然如此，就连和对手说话都会使用非常温和礼貌的语言。

懂礼貌当然不是什么坏事，但是作为委托人的代理人，我担心他在解决纠纷的时候一味地使用礼貌的语言是不是合适。

"你那么客气的话，会被债务人看不起的。"

看着他工作不顺利的样子，我有时会提醒他注意一下。

他听从了我的建议，想要试着改变过度礼貌的说话方式，但是并没有取得什么效果，他的语气还是很礼貌。大概这就是他的性格吧，我也不能勉强他。

然而，他在我的事务所里待了四年多，就自己独立开律师事务所了。

在那之后两个月，我一直很想知道他为什么仍然在坚持从事这个行业。不管怎样，在这个竞争过度激烈的时代，年轻律师是很辛苦的。像他那种好人，真的没问题吗？真的能维持生活吗？我很担心。

"怎么样，进展还顺利吗？"我问他。

意外地，他却这样答道：

"托您的福，一切都好。"

在我事务所工作时遇到的某个委托人的对手，也就是所谓对峙的敌方，好像经常因为工作去找他。

"你绝对是非常有礼貌又亲切的人。"他这样说道。

所以经常来委托给他工作。

最开始我不明白其中的缘由，听到这些我便明白了。

在律师受理的工作中，有刑事案件也有民事案件。我的事务所里民事案件居多，所以一般委托者的对手都不会和犯罪有关。因为没有偷窃、杀人这样的案件，所以也就不用以可怕的表情和态度去处理事件，因此，用礼貌的口气说话也就没什么不妥的了。

　　对债务人来说，如果催债的律师用温和礼貌的态度说"请您还钱"，想必也会无比震惊吧。原以为律师会冷着一张脸，用可怕的态度不停地向自己强调法律，逼着自己来还债，然而这个律师的态度完全不同，给他留下了深刻的印象。

　　因此，这个债务人在自己找律师的时候，自然就想到了信誉好的他。

　　他在我的律所工作的四年间，一直保持着礼貌亲切的态度。

　　在那期间，他顺利解决了很多案件，对他亲切的态度感到惊讶的对手也越来越多。这些人都成了他潜在的委托人，所以工作也越发顺利。

也就是说，即使目前的工作稍有点不顺利，但是他礼貌亲切的性格也会给他其他工作带来好的影响。

就是因为现在是律师竞争过度的时代，所以他的善良人性才能发挥作用吧。

在这个赚钱艰难的时代，人性如果善良，幸运也是会降临的。

不仅是律师，希望现今的年轻人都能明白这个道理。

经营者用人格魅力消除了员工的不满

磨炼品性，运气会变好。

就我的经验来说，我能理解这个道理。但是可能还是会有人不明白为何这样说。其实道理很简单。

因为品性善良的人，争端必定是很少的。

争端是不幸的根源。它会遗留憎恨，破坏人际关系。人际关系被破坏，运气也会变差，而运气是一个人在发展中必不可少的东西。

减少争端，人际关系就会保持良好。运气自然也会变好。

给大家介绍一个实例吧。

在房产销售公司工作的某位职员，因为对公司的考核有不满之处，来找我做咨询。我决定先去他的公司调查一下。

然而，那位职员不等调查结果出来，就直接找社长谈判去了。

一天上班后，他就马上到社长办公室去。当时，他看到社长面向墙壁深深地鞠了一个躬。

他不明所以地朝墙壁那边看去，看到墙上满满地贴了许多照片。

他满是疑问地陷入了沉思，最后，社长终于注意到了他的存在。

"怎么了？"

"这一大片贴的都是什么照片呀？为什么社长要向这些照片鞠躬呢？"

他不禁将疑问说了出来。

"这个啊，是所有员工的照片。每天早上我来到公司，一定会先向你们致谢。

"多亏了大家，公司才得以顺利运营。谢谢。希望大家都能幸福。

"下班准备回家的时候，我会再次向大家致谢。

"今天，公司也能顺利运行。谢谢。希望大家也能有好运。"

社长有点害羞地说出了这番话。

打算向社长控诉不满的他，听到社长的话顿时有点丧气，什么也没说就退了出来。对于社长所说的，他将信将疑。于是去问了隔壁办公室的秘书，没想到事实果然如此。

"不仅如此哦。社长对全公司的员工都很了解。谁的父母怎么样了，谁的孩子如何了，他都一直在关注着。

"所以，如果有员工的家人发生什么事，社长马上就会去和他们谈心。前一段时间，一个员工的亲人遭遇了交通事故，社长马上去医院探望了。'住院费要不要紧？如果有困难的话可以来找我商量。'

"如果自己实在去不了，也会让秘书代自己去探望。'如果有困难的话，一定要来找我商量啊。'

"社长一直都是这样做的，他总是在为员工考虑。"

知道了这个事实后，那位职员的不满完全消失了。原本因不正当的考核打算将公司上诉至法庭，但现在完全打消了这种想法。

社长的品性，平定了员工的愤怒。

如果社长的品性存在问题，那位职员也许就会因为对考核制度的不满，将公司告上法庭。

如果那样的话，公司的形象就会受损，也会对业绩造成不良的影响。

社长大概也没有意识到，自己的品性将诉讼防患于未然了吧。然而，经营者的品性必定会左右企业的运气。

不仅是企业的经营者，任何职业的人的品性，都和运气的好坏有关。请务必谨记这个道理。

好的人品会招来好运

如果忘记工作上的得失，也许会招来好运。

我做了四十七年的律师，所以受过非常多办事员的关照。在这其中，最让我感动的是一位女性。

我刚开始以为她就是一名普通的女性。我们的上班时间是早上九点到下午五点，自从被录用后，她每天八点半就来上班，将每天的工作安排好，然后毫无怨言地工作到五点半，而且从来不要求任何加班津贴。这种持续认真的工作态度，在她看来是"理所当然"的。

而且，让我印象最深刻的除了她这种认真的态度外，还有她精心准备的礼物。

有一次，我注意到她好像很高兴地在准备东西，便问她："这是什么？"她说是给父母的礼物。她好像总是会在父母生日时准备礼物。而且，能明显地感觉到她自己是非常开心地在做这件事。

认真地尽孝道，而且自然而然地认为这是理所当然的，这让我深受感动。我也很自然地会希望这样的人能得到幸福。

在那之后，我给她介绍了一个结婚对象，最后，他们幸福地结婚了。之后，这位女士辞职了。到现在，她仍过着非常幸福的生活。

只为了得失而工作，受雇的一方会变得很寂寞。像她一样愉快地工作，雇佣者就会想为她提供些什么。

即使工作了百分之百，也只要求百分之八十。

也许有的人会觉得这是损失，仁者见仁。但凭经验我敢断言，幸运一定会降临到这些人的身上。

在现代，很多人工作百分之百，却想获取百分之一百二甚至是百分之二百的回报。他们觉得这是理所当然的。

但是，从长远看，实际得到的利益并非如此。总有一天需要以别的形式去偿还那多余的部分。

与注重眼前利益得失的人相比，注重工作时保持愉悦心情的人，更能招来好运。

最近，要求职工加班渐渐成为一个普遍现象。有些黑心企业甚至施加给员工繁重到想要自杀的过度劳动。

在这样一个时代，一些黑心企业很乐意听到有人说"忘记得失地去工作吧"这种话，但这也引起了一些人的不满。

当然，公司为了提高利润，驱使员工去工作也无可厚非。但企业理应正常支付员工的劳动报酬而不是一味地去宣扬"忘记得失"。确实，工作的时候只一味地考虑利益的得失，就会让运气溜走。但这种思考方式对于辛苦的工作来说是行不通的。过度工作就无法保持良好的心情，自然也就谈不上"忘记得失"了。

无论如何，在保持良好心情工作的范围内，忘记得失是很重要的。

请务必注意"良好心情"这一点，不要过度工作。

"不要去挑选人"

恩师和岛岩吉真的教给了我很多东西。

这里给大家介绍一下其中的一点。

在我刚刚去和岛岩吉法律事务所工作的时候，和岛老师就交给我招聘新办事员的工作。发布招聘信息、面试应聘人员，不成熟的我在经过各种考虑之后，最后选择了一位自认为最好的女性。因为觉得其他的应聘者都有一些问题，所以没有录取。

但是，决定录取的人突然拒绝了这份工作，我一下子慌了。事务所急需要办事员，重新再招聘太浪费时间，雇佣之前没有录取的人我又觉得不太好。

没想出什么好的解决方法让我一筹莫展，于是去和和岛老师商量。老师从装着简历的文件夹中随意地抽出一份，看也没看那份简历就说：

"这个人可以。去联系一下她，如果她没有找其他工作的话，就录取她到我们这儿工作吧。"

我太惊讶了。因为我看到那份简历是我认为所有没被录取的人当中问题最大的那个人的。

"不再好好筛选一下了吗？"

老师笑着说："不用了。她说过愿意来我们这儿工作对吧。在世上那么多的就职地中专门选择了我们这里，那这个人就没问题。"

正常来说，录取一个办事员应该至少像我这样先筛选简历，然后再面试了解一下这个人的能力和性格，在此基础上再决定是否录取吧。

然而，和岛老师不仅没有看应聘者简历的内容，甚至连面都没见过就决定录取她了。

老师认为，她来我们这儿应聘了，就是与和岛事务所有缘。所以一定没问题的。

我半信半疑，按照老师所说的联系了那位应聘者，通知她来事务所工作。她来工作后才渐渐了解到，这位女性真的是一个品性良好、非常优秀的人。

简历上写的学历和资格等只是一方面，但是她能力强、工作态度认真，让我觉得当时能录用她真是太好了。

一般来说，选择一个办事员多侧重于学历、资格等方面。但是，和岛老师却不一样。他说，重要的是选择来我这里工作的这份缘分。

相较于选择人，更重要的是信任人。

如果失去了老师所说的这个原则，我认为自己的态度是不合格的。

实际上，无论学历还是资格，相较于只看写在文件上的这些东西，和岛老师选择相信人与人之间的缘分，这是正确的。

来我这里应聘，这本身就已经是一种缘分了。

这真的是非常好的思考方式。在那之后，我以律师身份与各种各样的人接触，越来越亲身体会到了缘分的重要性。

重视缘分，就会开运。

这是我的经验法则。

因有无利益而改变态度的医生

　　这是很久以前的事情了。我经常去的内科医院里有一个医生，因对患者非常温柔，诊察和治疗也非常认真而被大家熟知。自然，患者对他的评价都非常好，那个医院也因此扬名。

　　然而，我知道这个医生还有另一面。律师的工作让我得到了一些关于医院经营相关的消息。

　　这个在患者中有着极高评价的人，在往来的制药公司和医疗器械制造商的销售人员中，口碑却极差。他经常用傲慢的态度说："把你们拿的药和器械给我送过来。"像这样厚颜无耻地要求他人为其服务。

　　他对医院的护士和药剂师等员工也是同样的态度，傲慢而冷漠。

因为我是律师，所以我有保守秘密的义务。虽然我不会向外泄露这个医生的另外一面，但是我不会再到这样的医院去了，也没有积极向其他朋友和熟人介绍这家医院的心情了。

后来，我渐渐忘记了这个医生的事情。直到几年后，得知这家医院因为经营不振而倒闭了。

因为能获取利益所以温柔，因为无法得到利益而冷漠。

这样的人，是会让运气溜走的。请一定注意这一点。

继承品德会开拓运势

　　作为律师，经常会接到来自一些有钱的老年人关于遗产继承对策的咨询。

　　如何将自己所积累的财产尽可能多地留给孩子们，尽可能少交遗产税等，这样的咨询是非常多的。

　　节税对策之类，与其说是律师的工作，不如说是税务师的工作领域，但那些老年人大多认为律师应该知道些如何规避法律的途径。无论如何，他们咨询的宗旨无一例外都是"尽可能地多留一些财产给子孙"。

　　但是，节税后让子孙继承了大量财产，实际上却不一定是为他们好。

　　辛劳一生积累的财产，各种绞尽脑汁地节税，终于成功将大笔财产留给了孩子，但宝贵的孩子因为这笔遗产而遭受不幸的事例，我见过好多次。

常见的案例，就是子孙得到大笔钱之后陷入赌博的泥沼无法自拔。

创造财富的人是很了解金钱的价值的，对金钱的使用之道也很有心得。

但是，继承财产的人并没有自己赚钱，所以不了解金钱的价值，也没有有效的用钱之道。所以，就会轻易地挥霍浪费。

很多人不是去赌博，就是出入各种高级俱乐部，或是投到女人身上。即"喝酒，赌博，购物"三大乐趣。

长此以往，上亿的遗产数年后也会被挥霍一空。沉溺于玩乐之人，在之后的人生中想要重整旗鼓就很难了，只会衰败沦落。

如果遗产继承人是女性的话，虽说可能不会沉迷于赌博，但还会有其他的乐趣，比如泡在"牛郎"店里，被年轻的男性包围，结果也是和男性一样，将遗产挥霍一空。

结果，老人们辛辛苦苦争取避税，即使子孙继承了更多的遗产，也无法获得幸福。

如果真的为子孙的幸福着想，最好是让他们继承点别的东西吧。

很久以前，在关西有一个世家。虽然他们也继承了大笔遗产，但我知道这不是其子孙世代繁荣的理由。

在古时候，几乎每家都有家训。

例如，教导子孙要朴素节俭、戒骄戒傲、与周遭之人和谐相处，教给他们正确的生存之道和良好的心态，等等。

古老的名家因为重视家训，所以才得以持续繁荣。

比起为子孙留下大笔财产，更应该留下品德。

如果祈祷子孙能开运和幸福，请务必谨记这一点。

逝者临终前的样子，让我明白什么是真正的幸福。这是我的律师朋友去世时的故事。因为他在律师会历任要职，所以很多国会议员、知事、上市公司的董事等都出席了他的葬礼——那真是一场人数众多的盛大葬礼。

然而，在仪式进行到亲友上香的环节时，气氛变得很异常。上香的只有他的妻子和孩子，其他亲戚一个都没有。

这种情况，只有可能是有什么家庭问题吧。

我还接过某个资产家关于如何给五个孩子分配遗产的咨询。在去委托人大宅子的时候，他对我这样说：

"明明有五个孩子，却没有谁回来过家里。"

"一个人住在这么大的家里，一定很寂寞吧。"我这样想道。

"置下这么大的产业，一定受到了很多人的帮助吧？所以要不把遗产的一部分捐赠给公共组织？"

我这样建议他，但却被无情地拒绝了。

"这是我辛苦打拼积累下的财产。一块钱我都不想给别人。如果可以的话，我恨不得把所有的财产都带到天国去。"

啊，原来是这么回事。

有这种想法的人，是不会有人想要靠近的，哪怕连亲生孩子也不会愿意靠近。

　　事业成功，拥有大量财富，这些人看起来很幸福。但看到他们临终前的样子，他们真的是幸福的吗？我觉得，能幸福地死去的人，才是真正的幸福。

比起金钱，品德才是幸运的种子

谁都渴望金钱。但是，是否拥有金钱就是幸福的？看起来好像并非如此。

很多人赚了很多钱，但其实并没有得到一点幸福。

看着那些来找我做法律咨询的人，我深刻地明白这个道理。

比方说，有这样一个委托人。

委托人夫妇俩创办了一家建筑公司。公司顺利发展，业绩不断上升，慢慢发展为一个有将近100家分包公司的大企业。

然而，因为公司的经理部长私吞公款，这对夫妇来我们事务所做咨询。

在询问事情原委的过程中我渐渐明白了，这对夫妇虽然很有钱，但却并不幸福。

首先，是这件重要的贪污事件。经理部长已经从公司辞职自己独立创业了。当时，他在原公司不仅私吞了公款，还抢夺了原公司顾客资源。

我思考为什么会发生这样的事情。后来我明白了，因为作为经营者的这对夫妇，在公司完全没有声望。

公司规模增大，成为有钱人，然而夫妇俩的口碑却一落千丈。丈夫出入高级俱乐部、包养情人；妻子收集贵金属、购买各种奢侈品、过着穷奢极欲的生活。

夫妻俩关系也不好，经常吵架。

经营者是这种状态，员工自会非常厌恶，他们效仿社长的行为做出这种事也就不足为奇了。所以才会有经理部长盗取公款和客源的事情发生。

虽说这对夫妇赚了很多钱，但是却失去了员工的信赖，夫妻之间也失去了信任，陷入不幸的境地。

光有钱是不会幸福的。

想要获得幸福，还要有品德。

稍作思考就能明白，仅靠一己之力是无法创造财富的。事业的成功，不仅是自己一个人的功劳，还要靠员工、老客户等很多人的共同努力。

如果忘记这些，就会失去人心。随之形势逆转，就会失去财富。

如果是凭借众人之力使得事业成功并获取了财富，就应该舍得为这些人花钱。

抱着这样的想法，就会积德，也就会变得幸福了。

从律师的角度看，成功之后是否会幸福，比起金钱，品德才是最重要的。

超市的保质期

运气好的成功之人都有一个特征。

那就是比起自己的利益，他们会优先考虑大家的利益。

效仿好运之人的做事方法，自己的运气也有可能会变好。实际上，我也经常效仿好运之人的行为。

我经常效仿的一个人就是 Yellow Hat（日本黄帽子股份有限公司）的创始人键山秀三郎先生。

比如，键山先生在超市和便利店等买食品的时候，一定会看它的保质期，他会特意挑选那些临近保质期的食品。

越临近保质期食品，新鲜度就越低，口感也会变差，不注意的话很有可能还会在冰箱里放坏。

表面上看，键山先生是特意去挑那些不好的商品。

为什么要这样做？我抱着这样的疑问去询问键山先生，他是这样回答我的：

"过了保质期就无法出售了，店里就必须将那些食物丢弃。这样就太浪费了，对超市来说也是损失。但是如果我在保质期前买的话，就能避免这种结果了。"

哪怕是提前一天也要选择那些保质期长的商品是常识吧。但是，这种想法真的正确吗？我不禁重新思考起来。

从顾客的立场来说，离保质期越长，食品就越新鲜，就能保存得越久，这样就感觉自己得到了利益。

但是，这样真的是得到了利益吗？

如果大家都做同样的事情，那超市就必须丢弃很多食品。丢弃的那部分的利益减少，就只有通过提高商品的价格来维持经营。价格上涨，顾客只能以较高的价格买到同样的商品。如果不提高价格，超市就会面临倒闭，附近没有食品店，那顾客就会很不方便。

以长远的眼光，从社会整体来看，对顾客来说，临近保质期的商品越多是越不利的。

　　键山先生从社会整体的情况考虑，乍一看好像是做了不利于自己的事情，但其实是对自己、对社会都有利的购物方式。

　　只考虑自己，无意识中就造成了损失。

　　由此也失去了好运。

　　如果能从社会整体来考虑问题，无意识中也有可能获得利益，运气也会被开拓。

精神是最重要的

我是一个平凡的男人，虽说没什么优点，但我很注重对他人问候时的态度。有时候，问候的声音会大到令人惊讶。当银行柜台叫到"西中先生"时，我会大声回答："在！"声音之高，常常引起周围人的注意。

实际上，我认为这样大声的问候多少能磨炼一下我的个人品德，于是就这样做了。

作为律师，在为一些公司工作时，我意识到一些事情：

发展好的公司里，通常会有"精气神"这个东西。

我去一些公司、事务所商谈工作的时候，大家的问候都是非常大声、充满活力而开朗的。那些公司后来就发展得很好。

相反，如果觉得"这家公司的人都好没精神啊"，之后就容易招致不幸。例如，很多客户陷入倒闭的危机，经营者遭遇事故等，发生过很多不幸的事情。

经营者的精气神是特别重要的。如果经营者很有精气神，员工们也容易有干劲，经营者的精气神会招致好运。

有一个以公司经营者为中心成员的伦理法人会，这个组织的成员都很有精气神。不管怎样，每周固定几天早上六点半开集会的时候，大家都很精神，所以我在参加的时候也变得非常精神。

仅仅看到他们有精神地互相问候，就令人心情愉悦，让人感到很有生机。

这个组织是由社会教育家、思想家丸山敏雄先生创立的，以公司经营者为中心，以"让伦理学在公司经营中大放光彩"为主旨的积极向上的团体。到现在，组织会员已经将近有6.3万家，个人会员将近16.5万人左右，朝日啤酒的名誉顾问中条高德氏等也对其宗旨赞赏有加，表示积极支持。

另外，以伦理为基础，他们将成功的法则总结为易于实践的十七条标语和短文——"万人幸福的指南"，里面的一些内容和我的经验法则非常接近。

　　比如，第四条里有这样一句话："改变他人之前要先改变自己。"这和我之前介绍的如何防止外遇的主旨是一样的。另外，第九条和我的经验法则中"聪明反被聪明误"这点也是相同的。

　　我惊讶地发现，自己的经验和他们的法则很多都是一样的。

　　平凡的我通过将近五十年的经验才明白的道理，丸山先生一直都深刻地理解并身体力行，而且还为社会做出了很多贡献。

　　我不禁感到羞愧。

　　顺便说一句，伦理法人会既不是宗教团体也不是思想团体，只是一个中立的聚集经营者的地方，我来这里多多少少也是为了想磨炼一下自己的品德。至少，分享一些精气神，运气也会变好一点吧。

精气神是品德的一部分，它也是能带来好运的。

　　据说，创业公司创立三年后，其中50%的公司会倒闭。五年后，会有80%的公司倒闭，十年后95%的公司都会倒闭。企业的倒闭都是从最根本的员工生活开始，自下而上崩溃的，我感到罪孽深重。

　　精气神就是人的品德。

　　希望企业经营者不要忘了这一点。

无法践行六种心态，就会引起争斗

问候时的态度对于提高人的品德有非常显著的效果。

之前的事务所，将提高品德的重要问候概括为"六种心态"，并制成标语贴在墙上。来访的委托人看到后都会说："写得很好呢！"甚至还有人问能不能给他们复印一下。

这"六种心态"还有一个别名叫作"扶轮精神"（扶轮是聚集世界各行业领袖与专业人士的机构。其目的是为各种事业提供人道主义的服务与倡导高道德标准，以便建立诚信可靠及和平的社会），知道这个名称的人应该多一些。我来给大家具体介绍一下吧。

① "早上好"的明朗之心。

② "是"的率直之心。

③ "对不起"的反省之心。

④ "我来做"的积极之心。

⑤ "谢谢"的感谢之心。

⑥ "多亏您了"的谦虚之心。

如果以这六种心态生活，就能够磨炼品德。人际关系会变好，争斗也会减少。

来事务所的人，应该是因为真正理解了这些话才会说"写得很好"，而在现实中引起了争端来找律师咨询，则应该是因为没有真正实践这六种心态吧。看来，理解是一回事，做起来又是一回事了。

提高上进心从有精神地问候开始。

所以，为了幸福，希望大家都能去实践一下。

"无法磨炼心智是因为被蒙蔽了双眼"

品德能左右人的运气，那怎样才能提高品德呢？

仔细思考一下，觉得这还真的挺难的。我也不知道该怎么做才好，也曾有过误解的经历。

那是参加某个禅寺的坐禅时发生的事了。当时师父问我：

"你为什么要来这里？"

"我是来磨炼心智的。"

我原以为自信满满地说出了标准答案，一定会得到师父的褒奖。但是，师父却这样对我说道：

"你这样是无法磨炼心智的，因为你被蒙蔽了双眼。首先，你好好磨炼一下看清眼前之物的能力吧。"

我很羞愧。就算我说我是来磨炼心智的，但是却不知道心智为何物，也不知道该如何去磨炼，还夸夸其谈地自以为说了了不得的话。

师父却告诉我说，更重要的是磨炼看清眼前之物的能力。用一生去做一件理所当然的事情，就是磨炼自己。

将磨炼心智当成是理所当然的事，并为之奋斗一生吧。

然后，用心去做好每日的工作、问候和打扫等日常吧。

看不清眼前之物，就无法磨炼心智。

与其去攀登那些困难的高峰，不如先好好做好眼前之事。

运气法则

运气是由仁德，也就是人的品性决定的。

就算在赚钱艰难的时代，如果人性善良，幸运也会光顾的。

社长的人性平定了职员的愤怒。

经营者的品性左右企业的运气。

在工作中想要召唤好运，最好的办法是忘记得失。

保持良好心情，不计较利益得失地去工作，运气会变好。

注意要"保持良好心情"，回避黑心企业。

比起挑选他人，信赖他人是非常重要的。

重视缘分，就会开拓运气。

唯利是图就会变得冷漠，运气也会下滑。

留下财产不如留下品德。

能幸福地死去的人才是真正幸福的人。

运气良好的人会优先考虑集体的利益而非自己的利益。

只考虑自己的人毫无疑问会遭受损失。

精气神就是人的品德。

提高上进心从精神地问候开始。

被蒙蔽双眼就无法磨炼心智。首先要磨炼看清眼前之物的能力。

第五章

言语

人际交往最基本的是言语

人能够带来运气。

所以，提升人际关系就能开拓运气。

在第一章中曾给大家介绍过，好人周围聚集的都是好人，坏人周围聚集的一定都是坏人。不同方式的人际交往，会有不同的人际关系，进一步说，也会影响运气的好坏。

和人交往最初是从语言交流开始的。运用言语的交流，才构筑了人际关系。

那么，用什么样的语言，采取什么样的交流方式，运气才会变好呢？实际上，提升人际关系、引导自己走向幸福，有几点诀窍。

首先是关于口头语言的秘诀。

提升人际关系，开拓运气的语言有三点：首先是为体谅之言，其次是鼓励之言，最后是赞美之言。

体谅之言能构筑人与人之间的信赖。鼓励之言，能使人心明朗。赞美之言，能使人积极。

因此，基于这三点孕育而生的人际关系能使运气变好。

其次，是交流之道。

职业生涯中，我有近五十年的律师经验，还有十年以上作为接听"生命热线"的咨询员的经验。

从这些经验中我学到的要领是，"首先要接纳对方"。不是强加给对方自己的意见，而是首先要完全接纳对方的态度，才是良好交流的基础。

另外，关于书写的语言也有一些诀窍。随着电话和智能手机的普及，邮件来往变成一种普通的交流方式。相应地，在明信片和书信上的书面语言的使用变得越来越少了。

然而，如果想让运气变好，我建议大家还是重新拾起明信片和书信。寄出越多的明信片和书信，越多地关心悲苦之人，运气就会变得越好。

接下来，我为大家介绍一下关于语言和运气的具体故事吧。

圆满解决遗产纠纷的是弟弟的一句话

　　体谅他人的语言中，蕴含着召唤幸运的力量。

　　特别是发自内心的语言，具有使运气发生剧变的力量。

　　我经历过好几次这样的情况。下面就为大家介绍其中一件让我最难以忘怀的事情吧。

　　那是三十多年前发生在大阪的一件案子。父母留下了一笔遗产，然而兄弟相争，闹得不可开交。

　　父亲在世时经营着一家超市，哥哥是专务，弟弟是常务。作为社长的父亲去世以后，哥哥继承了超市的经营权，弟弟离开公司，自己又创立了另一家超市。

　　产生遗产纠纷问题的，是大阪市内一块五百坪（日本土地面积的计量单位，1坪约为3.306平方米）的土地。

按照当时的地价，这块土地成为价值过亿的遗产，兄弟双方都认为这是"自己的东西"，互不相让。

他们找到我做咨询，当然，我首先劝他们最好和解。从继承权上来说，这块土地的所有权他们各占一半，如果出售的话，一方应将售出土地的金额按时价支付给对方一半，但是兄弟俩完全听不进我的话。

于是只好申请法院调停。但是，即使这样双方仍坚持自己的主张，于是只能中止调停，移交法院审判。

在我看来，这是最糟的情况。如果打官司，双方就会相互攻击。即使一方胜诉拿到遗产，彼此心中也会留下疙瘩，无法原谅对方。败诉的那方必定也会憎恨胜诉的那一方。

亲人去世已经很不幸了，如果兄弟之间再相互憎恨的话，运气是不会变好的。

如此一来，就会走上不幸的道路而一去不复返。

兄弟之间相互憎恨，这是死去的父母不愿意看到的，也是不孝的行为。作为律师，我有一种帮不上忙的挫败感。对给孩子留下遗产的父母，也感到非常抱歉。

作为律师，我和当事人的两兄弟、法官一起出席了中止调停的判决。

然而，在那期间却发生了一件意想不到的事情。情况突然扭转，遗产纠纷就这样解决了。原因就是因为弟弟嘟囔了一句话。

他小声地说道：

"我不会做对哥哥不利的事情。"

实际上，仅仅这样一句话就能分开幸运和不幸。这一纸之隔的道理也隐含在其中。

传达体谅哥哥心情的一句话

"你刚刚说什么？"

哥哥好像在质问弟弟一样。又要开始争吵了吗？我不由得担心起来。弟弟瞪着哥哥这样回答：

"就算我得到了土地，我也不会做对哥哥不利的事情。"

"你说的是真的吗？你再说一遍。"

我吸了一口冷气，因为哥哥的声音听起来有些颤抖。

"你也许会感到怀疑，但是我不会把这片土地卖给竞争对手的，我从来都没有这样想过。"

弟弟的声音也没有刚刚那么尖锐了。和哥哥一样，声音有些颤抖。

"真的吗？"

说完，哥哥仿佛喉咙被堵住了，说不出任何话来。然后，他哭了。弟弟也跟着大哭起来。

我才终于回过神，明白刚刚发生了什么。

这起遗产纠纷案，不是因为欲望而引起的，而是因为兄弟间的不信任。

争夺的这片土地，就在离兄弟俩父亲创立的超市不远的地方。父亲计划在这片土地上建造超市的分店，但是在计划实现之前父亲就去世了。继承了超市的哥哥，打算完成父亲的遗愿，在这片土地上建分店。

然而弟弟却不知道哥哥的这些想法，他以为哥哥要独占父亲的财产。哥哥也觉得弟弟才自己独立开超市不久，肯定需要资金，那么他一定会将这500坪的土地卖掉。

就这样，兄弟二人一直在相互猜忌。

"那个人恨我，所以他一定会将这片土地卖给对手，来妨碍我的生意吧。我想将父亲的店发扬光大，那人却只考虑自己。"

想要完成父亲未完成的事业，所以哥哥坚决不愿将土地让给弟弟。

但是，弟弟却说了那样意外的话：

"我不会做对哥哥不利的事情。"

仅此一句话，就消除了哥哥对弟弟的猜疑之心。哥哥的眼泪，一定是喜极而泣。

看到哥哥如此，弟弟也意识到自己误解了哥哥。他终于明白哥哥争夺那片土地不是为了自己的私欲，也不是因为对自己不满，而是想要守护父亲的事业。因此，弟弟也开始痛哭起来。

兄弟间消除了误会，就避免了官司和纷争，这件案子就这样顺利解决了。

最后，哥哥继承了那片500坪的土地，并向弟弟支付了地价一半的资金。

这样，兄弟俩重归于好，想必父亲泉下有知也会高兴的吧。在这起遗产纠纷案中，作为律师的我什么忙都没帮上。这对兄弟能收获幸运仅仅是因为弟弟关键性的一句话。

职业生涯中，我见过各种各样的纷争。律师正是一种因为有纷争才存在的职业。但事实上，我却希望尽量不要有纷争，因为纷争是没有任何好处的。

纷争是霉运和不幸的开始。

即使明白了这些，也还是要将纷争当成自己的饭碗，所以律师本身就是一个罪孽深重的工作。

更令人感到可悲的是遗产纠纷。仅仅是亲人过世就已经够悲伤的了，接下来还有兄弟亲戚间的遗产争夺，这就更让人无法忍受。

我经常建议那些有遗产纠纷的人不要打官司，尽量和解。但现实却常常是不尽如人意。

不听律师的忠告，最后闹到打官司的遗产纠纷，大多也都是因为利令智昏，兄弟长期斗争，等等。

但是这件案子能顺利解决不是律师的功劳，而是仅仅凭借弟弟一句"发自肺腑的体谅之言"，从而改变了委托人的命运。

语言能够左右人的运气。

这件事教会我的是，发自肺腑的体谅之言，有时候也会带来巨大的幸运。

所以请一定要好好珍惜他人的体谅之言。说不定哪一句话就会为你招来巨大的幸运。

赞美他人运气会变好

赞美之言也会带来好运。

来律师事务所咨询的有很多公司的社长，他们大多是"擅长赞美他人"的类型。

为什么擅长赞美，事业就会成功呢？

虽然我知道擅长赞美和事业的成功有一定的关系，但是很长一段时间我都不太理解其中的缘由。最近发生的一件意外之事终于解开了这个谜团。

契机是卡拉OK。其实我很不擅长K歌。本来我就不怎么会唱歌，加上在人前唱歌会令我觉得很害羞，所以我几乎都不怎么去卡拉OK。

一次集会之后，不得已跟其他人一起去了卡拉OK。

我本来是拒绝唱歌的，但被半逼迫地还是唱了一曲。那时候，突然有人说：

"西中先生，唱得很好啊。"

虽然我知道这是场面话，但当时听到别人那么说还是很开心，不知不觉就充满了干劲。从那以后，我也敢在KTV里唱歌了。

"赞美，真的具有巨大的威力啊！"

我再次这样感觉到。

赞美能使人愉悦，能使人充满干劲，能使人克服困难。

如果社长能将这一股威力用在社员身上，事业肯定也会成功吧。

所以，社长们大多都擅长赞美。

多年的谜团解开了，我感到非常满足。

赞美之言中蕴含着的是使人心积极向上的力量。正因如此，事业成功之人大多是擅长赞美之人。赞美能挖掘出身边之人身上的可能性，从而有使自己的事业运变好的效果。

关注到赞美后我意识到，即使不是社长，普通人赞美他人之后也会发生好的事情。

首先，擅长赞美的人不会和周围的人发生冲突。

来律所咨询的人中，有些人就算被卷入纠纷，但如果他擅长赞美的话，就能圆满和解，而不会发展到打官司这一步。

相反，经常打官司的那些人与其说不擅长赞美，不如说根本就不愿意去赞美他人。

争斗是引起不幸的要素之一，不去赞美他人的人就会招致不幸。

赞美他人运气就会变好，不去赞美他人就会招致不幸。

请务必谨记这一点。

芹泽先生的逸事："成为街区最好的果蔬店"

鼓励之言中，蕴含着使人心明朗的力量。

而且长此以往，这种力量有时还能数十年地支撑你的心，甚至是改变将来。

下面给大家介绍一个具体的例子。

作为小说家出名的芹泽光治良先生，在年轻的时候曾做过小学老师。

那个时候，他问孩子们将来的梦想是什么。孩子们有想成为博士的，有想成为大臣的，回答"想成为大将"的孩子非常多。

但是，其中有一个孩子这样说道：

"我想开一家果蔬店，因为我家是开果蔬店的。"

这个梦想过于渺小，遭到了同班同学的嘲笑。但是芹泽先生没有笑。他认可了那个孩子的梦想并这样说道：

"不错呀。那就努力成为街区最好的果蔬店吧。"

那孩子听了老师的话很开心，一直到长大后也没忘记这句话。后来，他的店真的成为街区最好的果蔬店。

"多亏了老师鼓励我。"

后来他向老师表示了感谢。"我这样说过吗？"老师似乎忘记了自己说过这样的话。

这个故事告诉我们，鼓励之言在不经意间能发挥巨大的力量。

甚至是说话的人都已经忘记的一句话，却在改变着他人的人生。

那么，我再次给大家总结一下能使运气变好的言语吧。

体谅之言，能使运气发生巨变。

赞美之言，能使人积极向上，能提高事业运。

鼓励之言，能使人心明朗，能提升运气。

言语和运气的关系，大家都明白了吗？

想要让运气变好，请使用良好的用语。

千万不要忘记这点要领。

穿黄衣服的办事员

在这个社会上，有很多不擅长处理人际关系的人。职场上也是如此，就连兴趣小组和俱乐部中，因为人际关系恶化、僵硬，而孤立无援、苦恼的人也越来越多了。

想要改善人际关系，从我的经验来说，还是交流的问题。

因此接下来，我会给大家具体介绍几种用交流来开拓运气的方法。

交流的第一个秘诀是，接纳对方。

其实，我知道这个秘诀是因为一件事。

那是四十多年前的事了，作为律师，我第一次独立出来成立了自己的事务所。

事务所成立后不久，因为要聘请办事员，所以在应聘的人当中面试了一些，最后聘请了一位刚二十出头的男性办事员。面试的时候我还没发现，但很快我就看出来他是个非常有个性的人——在上班的第一天，他就穿了一套夸张的黄色西服。

说是黄色，但不是那种原色黄，而是非常夸张亮丽的黄色。我觉得这与事务所的风格很不搭。

"你还是换成更普通点的颜色，更成熟点的西装吧。"

我这样对他说，但他却无动于衷。再三提醒他注意，然而他并没有打算为此做改变。说实话，我有点生气了。

这个不按常理出牌的人，怎么就是不听我的话呢？

我想，如果他坚持不换衣服的话，我就考虑辞退他。

在他看来，也不情愿自己因为衣服的事情而丢了工作吧。我也不想用辞退他这种暴力的方法，但是如果允许他穿这些不合适的衣服，也会影响到我们事务所的口碑。

这也是没有办法的事。

改变我这种想法的，是当时刚刚上小学的我的大儿子。

某个休息日，我看见大儿子将金鱼放进鱼缸后拿进了自己的房间。我看着年幼的儿子在自己的房间里不厌其烦地盯着金鱼的样子，突然一下意识到：

　　对于那个办事员来说，黄色的西服就和儿子眼中的金鱼一样，都是他们各自的宝贝吧，只是我不明白这种情感而已。

　　对孩子来说，金鱼是宝贝，所以不管怎么看都不会腻。但是对于我来说，根本感受不到金鱼的重要。

　　同样地，对于办事员来说，黄色的西装是宝贝，我也感受不到那份珍贵。这种情况下，如果我对他说"你不要再穿了"，对于他来说是不会说"好的，我会的"，然后把衣服轻易脱下来的。

　　而且，如果自己珍视的东西得不到认同的话，应该还会感到很生气吧？

　　我终于理解了他一直穿着黄色西装的心情，第二天，我向他道了歉。

　　"我之前说让你别再穿那套西装了，对不起。你一定很生气吧？那套西装对你来说肯定是非常珍贵的东西。"

听了我的话，他看起来很开心地说：

"老师，你理解我了啊。"

那之后，他自己主动换下了那套夸张的黄色西服。因为他也明白了，即使那套西装对自己来说很重要，但是在工作场合穿不合适。

他本来就是个很能干的人，在那之后，工作都做得非常好。因为个人原因，四年后他圆满地完成工作，然后辞职了。

但是，如果当初我到最后都不理解那套黄色西装对于他的意义而辞退他的话，会变成一件到现在想起来都非常不好的事情吧。也许还会因为辞退他而引起一些麻烦，那这同样的四年一定就会变成不安、不幸的四年。

就算仅仅是让我度过这幸福的四年，我仍很感谢当时认同了他那套黄色西装的自己。

交流会因为接纳对方而变得美好

对每个人来说，珍贵的东西都是不一样的。对自己没有价值的东西，也许在别人那里是非常珍贵的东西。

如果片面断定某个东西是"没有价值的"，那珍视它的那个人就会封闭自己的心。

如此，在互相没有打开自己心房的两者之间，就容易引起矛盾。

在交流中，首先要接纳对方，这是很重要的一点。

这是那个穿黄色西装的办事员教会我的重要道理。

律师这种工作，和委托人的人际关系就是全部。因此，我一直在绞尽脑汁地寻找良好的事业品性和人际关系的养成方式。

最终，我找到了轻松改善人际关系的秘诀。那就是："完全地接纳对方"。

那个穿黄色西装办事员的情况就是如此。最后能够让沟通变得顺畅，就是因为接纳了对方的喜好。

我不喜欢他的黄色西装，所以想要他换掉。但是，即使说了无数次"不要再穿了"，却没有起到任何效果。更严重的是，我们之间的关系恶化，我甚至决定将他从事务所辞退。

但是，我一旦明白了"黄色西装对他来说是非常珍贵的东西"，我们俩的关系一下子就缓和了，而且最后他也没有再将黄色西装穿到事务所来。

这和北风与太阳的故事是一个道理。

想要旅人脱掉外套，不管北风如何吹都无济于事，然而当太阳给予旅人温暖时，就顺利地令其脱下了外套。

同样地，人际关系中最先要做的不是去判断对方的好坏，而是承认对方的存在，这样人际关系也会变好。首先承认对方，是使沟通进入良好循环的条件。

当然，这并不是说要变成和对方完全一样的心情，并非"我也将黄色西装当成自己的宝贝"。

而是"我不明白黄色西装的好处和珍贵之处。但是对他来说是珍贵的东西，我尊重他的喜好"。

在这个世上有各种各样的人，穿着个性、打扮夸张之人不在少数。如果一上来就觉得这是"不合时宜""不体面"，在头脑中将这些人否定、当成是笨蛋的话，一定会有不好的结果。

乐意看到自己珍贵的东西被当成是无价值东西的人，显然是不存在的。

所以，交流是从完全认可对方开始的。

这个道理，在我看来是改善人际关系的一个基本要点。

接听"生命热线"的要点在于"只是倾听"

我曾作为接听"生命热线"的咨询员工作了十年左右，因此学到了许多交流沟通的技巧。

被逼迫到快要自杀的人，仿佛抓到一根救命稻草一般给"生命热线"打来电话，咨询员显然不能抱着敷衍的态度。

但是太过热情也会产生反作用，所以不能给对方太大压力。顺利地与他沟通是需要技巧的。

技巧之一是"尽可能地保持沉默，倾听对方的话"。我能掌握这个良好的技巧是因为一次意外的契机。

没想到，经过白天一天疲惫的工作后，反而会有好的结果。

那天夜里，在我当班期间打来电话的人，都是以"谢谢。我完全明白了"这样满意的回答结束对话的。

坦白地说，那天我在电话中几乎没怎么说话。因为身体和头脑都非常疲惫了，所以几乎都是以"是吗""这样啊"在附和对方。

然而，这样却收获了意外的效果。刚开始我并没有觉得有什么不可思议的，但是思考几天后我悟出了一些道理。

"原来是这样。仅仅只是倾听是非常重要的。"

咨询者说出了他们记忆深刻的经历，于是咨询员就开始拼命思考，试图多少给对方提供一些有效的解决办法和建议。

但是，咨询者寻求的并不是这些。

他们只想寻求一个可倾诉之人。

这是烦恼之人最迫切的需求。

我因为处在一个非常疲劳，什么都不想说的状态，反而变成了完全去倾听咨询者话语的结果。

倾听对方的话语，就是"完全地去接纳对方"。

只是倾听。

这就是"生命热线"教会我的改善人际关系的秘诀。

投过来白球的话，就将白球投回去

人际关系会因为沟通而得到改善。不单律师，因为交流沟通而左右人际关系的职业和场合非常多。

比如，对于女招待（这里指俱乐部的陪酒女）这样的职业来说，交流几乎是工作的全部，所以尤其重要。交流能顺利进行的话，客人就会再次光临。

在北新地（大阪梅田最具代表性的繁华商业街之一），曾有一位被称为"头牌"的女招待员，她的长相和身材都非常普通，然而交际能力却非常突出。因为工作关系，我去过几次北新地，有机会见识到了那位女招待员工作时的样子。我发现她实际上几乎都是在倾听客人的话。

这和"生命热线"是一样的，女招待员扮演的是一个偶尔附和，专注倾听客人话语的倾听者的角色。

果然，"完全地接纳对方"是交流的要领，在见到这个女招待员后我完全确信了。

那么如何去完全地接纳对方呢？这里我教给大家一个具体的方法。

如果对方说"真不凑巧，下雨了啊"，你就回答"下雨了吗"；如果说"真是麻烦啊"，那你就回答说"确实很麻烦啊"。

这和两人练习投接棒球一样。投过来白球，就将白球投回去。这样，白球就会稳定地来回。

但是，如果投过来白球，将球棒扔出去的话会怎么样？

"你干什么啊！这难道不危险吗！"

两人绝对会像这样吵起来吧。

和互相练习投接球一样，投过来白球的话，就将白球投回去。

交流的要点正是如此。我认为这其实是非常简单的。

然而，随着年龄的增长，人变得圆滑世故，意外地让这一切变得很难。事实上，通常是不会聘用律师和教师做"生命热线"的咨询员，因为从事这些工作的人，经常都是至上而下地与人进行一种传授知识式的交流。

相反，二十几岁的学生更适合做"生命热线"的咨询员。因为他们的社会经验还比较少，会努力去倾听对方的话。我成为"生命热线"的咨询员是在五十岁左右的时候，这种年纪的咨询员是非常少的。

越是圆滑，交流就越是生硬。

夫妻不也是如此吗？不好好地听对方说话，回答的时候又添加了一些多余的话语，沟通便白费了。

妻子明明说"今天我去赏花了"，但是如果丈夫回答一句多余的"真是清闲啊"，就会引起争吵。

要不然就是说"那又怎么了，我很累"的话，话题也会到此结束。等意识到的时候，发现夫妻之间已经几乎没有什么沟通，夫妻关系也变得非常紧张了。

这种就是交流失败的案例，没有完全接纳妻子的话语，反过来又传达了一些多余的话。

如果不这样回答，而是说"是吗，去赏花了啊"的话，就能够很好地将对方的语言传达回去。

这样妻子就会说"很好看啊"，话题也就会继续下去。"好看吗？"在这样将话题返回后，"对了，我还碰见××了呢！"妻子就会像这样愉快地将话题持续下去。丈夫听着这些，就能知道妻子一天的生活，这份心情也能传达到了。这样彼此的心意就能够自然地相通了。

如果说"赏花"，就将"赏花"返回。如果说"好看"，就将"好看"返回。

交流的技巧就在于，将接收到的"球"原封不动地返回去。

相信他人

很多人都参加了"大阪PHP友会（PHP：Peace and Happiness through Prosperity的缩写，是由松下幸之助在1946年创立的，以"虚心学习"为宗旨，进行学习会、交流会等活动的组织）"，我是这个大阪PHP友会的会长。在这个组织中，也有那种只有公司经营者参加的集会。

在这种集会中，有很多二十几岁到四十几岁的年轻经营者，他们曾举行了很多次非常活跃的活动。

最近，不管是一些研讨会，还是公司活动，参加的年轻人越来越少了，这是一个不活跃、不积极的时代。但是为什么这个集会能够顺利进行呢？原因让我感到很不可思议——因为有某位女性的存在。

这位女性是这个集会的会长——村上明美女士。我注意到，她对人的态度是非常宽容的。

在年轻人的提案中，有很多是离谱的，甚至是错误的，但会长全都认同了。有些被认为是不能实现的方案，她也会先表示"这个不错啊"。

这就使得整个集会活跃起来了。

年轻人经验很少，没什么自信。在他们面前，如果经验丰富的人说"这个不行。你不了解现实情况所以才会说出这样的话"之类的，不问缘由地否定对方，对方就会变得畏畏缩缩，不敢再表达自己的意见了。

与其这样，不如去认同他们说"不错啊"，让他们去做。历经艰辛，当真正行不通的时候，他们自己会意识到的。有些时候，一些不可能实现的方案最后却能意外地实现。这样，年轻人也能在行动的过程中学习到经验，增加开拓新道路的机会。

相信他人。

这是增加对方好运的诀窍之一。身边的人运气变好
了，自己的运气也会变好的。

　　这是一个年轻人逐渐失去活力的时代。想要改善交
流、开拓运气的时候，请一定记住这个诀窍。

两万张明信片

前面给大家介绍了说话之道的秘诀，交流沟通的秘诀，下面来给大家介绍一下书写之道，也就是明信片和书信的书写秘诀。

现在，由于邮件等通信技术的发展，寄明信片和书信的人越来越少了。这真的是非常可惜。

为什么呢？因为在明信片和书信的书写过程中，有使运气变好的效果。

其实，我一年能寄出两万多张明信片。

不是假话也没有夸张，我真的每年都会寄出两万多张明信片。我会向所有有过交集的人寄明信片，所以才会有这么多。

也许你会觉得两万张非常夸张，但是习惯了就不会这样认为了。现在单是贺年片和盛夏问候的明信片，每年都会写一万多张。

为什么会做这样的事情？因为我认为明信片是联结心与心的方式。实际上，寄出的明信片越多，我的事业版图就越广。

心一旦联结起来，人就会获得好运。

明信片将心联结起来，所以成了开运的方法。

而且，当对方悲伤、痛苦的时候，通过明信片的只言片语，为对方加油鼓劲，将挂念带给对方，这难道不是很重要的吗？

我每年也会收到三百多张吊唁的明信片，我一定会在明信片和书信里表达悼念之意然后寄出去。这样，心意就能够连通了。我也收到过很多逝者家属打来的电话和寄来的书信：

"悲伤的时候，收到了您鼓励的话语，我又重新恢复元气了。"收到这样的话，我觉得能寄出这些明信片是值得的。这其中还有的人甚至会说"我永远也不会忘记西中先生的"。

我想，当重要的人去世，悲伤的时候如果能收到谁的关心，弱小的心就会被救赎吧。

给痛苦的人寄出关心的明信片。

这是第一个秘诀。

顺便提一句，手写明信片是我一贯的主张。我平时也从不打印明信片。我是一个古板的人，相较于如今数字技术化的方式，我更倾向于人工的方式。这就是我坚持手写明信片和书信的原因。

手写看起来有些麻烦，但是也有好的一面。

不管怎么说，如果书信和明信片能改善运气的话，难道不是手写更好吗？虽然有些不可思议，但是同样的内容，用电脑打出来的文字是不会触动心灵的，只有手写的文字读起来才令人感动。

191

实际上，相对于打印明信片，只有手写，收到的人才会去细细地品读。

想获得好运，就选择手写吧。

这是第二个秘诀，请一定牢记。

寄出的明信片数量会左右运气

　　会有陷入各种各样纠纷的人来到律师这里做咨询。比如公司倒闭、遗产继承、离婚纠纷等问题，都是因为与他人发生了纠纷而来。这样的人，不能说是幸福的。

　　另一方面，也有不是因为纠纷，而是因为别的法律问题来咨询的人。这其中有公司经营者，算是过得还不错的人吧。

　　同样是人，幸福的人和不幸的人究竟哪里不同呢？

　　深谙明信片之道的坂田道信先生曾这样说过：

　　"人生的幸与不幸是由他的朋友数量决定的。推测他朋友多少的晴雨表，就是明信片的数量。"

　　我曾经调查过来我事务所咨询的人都寄出了多少明信片。

结果表明，有争端的人比没有的人寄出的明信片要少。

而且，社长寄出的明信片越多，公司的经营就越稳定，反之，公司就更容易陷入麻烦之中。寄出明信片的数量非常少的社长，公司在几年后几乎都倒闭了。

果然，寄出明信片的数量和运气的好坏是有关系的。

坂田先生还说过：

"一个人的实力，在于他寄出明信片的数量。"

其实，明信片会带来好运。

前几日，来我这里的一个委托人，就是二十年前收到我明信片的一位。他说着"我被明信片上的这句话感动了"，然后给我看了当时明信片上我写的相田光男先生的一句诗。

也就是说，因为有这张明信片，他想起了我。

人的实力，也许就是由联结人心的多少来决定的吧。明信片将人心联结，才成为了运气的晴雨表。

想要生意兴隆，就请多寄明信片吧。

这是第三个秘诀。请务必试一试。

最后，我再来总结一下明信片和书信的秘诀。

给痛苦的人寄去关心的明信片。

想获得好运，就选择手写吧。

想要生意兴隆，就请多寄明信片吧。

去实践这些秘诀，期望明信片和书信能开拓运气吧。

也许一张明信片就能成为你开运的钥匙呢。

运气法则

人能够带来运气。

体谅他人的语言中，蕴含着召唤幸运的力量。

发自内心的语言，具有使运气发生剧变的力量。

语言能够左右人的运气。

赞美之言能使运气变好。

不去赞美他人会招致不幸。

鼓励之言中蕴含使人心明朗的力量。

想要让运气变好，请使用良好的用语。

完全地接纳对方是沟通交流的基础。

完全接纳对方的要领是，只是倾听。

像"鹦鹉复读"一样，将白球投回去是很重要的。

相信他人会让苦恼的人恢复元气。

明信片是联结心意、开运的方法。

给痛苦的人寄出关心的明信片。

想要获得好运，就选择手写吧。

想要生意兴隆，就多寄出明信片吧。

第六章

善念

积德行善，过债主的人生，运气会变好

想要运气变好，就要去做善事，积累善德。

但是积累善行是非常困难的。

比如，工薪阶层辛劳地工作，是在为社会做贡献、积累善行，但是与得到的报酬抵扣后，差额为零，就不能算作是积累善行了。

学者们为了社会发展刻苦研究，得出重大发现，辛劳终于得到回报。这也是非常伟大的善举，但因此获得了学位、赢得了社会地位、得到了报酬，最后相抵仍为零。

企业家也是如此。拼命努力经营了对社会有利的公司，但是因此获得了大量的财富，抵扣后差额仍然为零，也无法再积累成善行了。

就算人类在活着的时候都积累了善行，但另一方面，每个人同时都在受着其他很多人的恩惠。

与其说差额为零，不如说是负数，也就是说是在预支着善德。

想要使运气变好，就要积累善行。

虽然都明白这个道理，但是做起来却很难。

著名的哲学家、教育家森信三先生在他书中所传授的，我非常赞同。他的《修身教授录》中有这样一句话：

"工作1.5倍的量，而只要普通人报酬的80%，打下这样的基础就够了。"

这种思考方式和这个崇尚少劳多得的思想，与现代社会的价值观有些相背离。但是，这才是真正的施以善行。

和这种思考方式一样的，还有"天之库房"。

工作100分，只求80分的报酬，剩下的20分赠予他人。这样，老天看到了这20分，就存储在天上的库房里。天上库房的存款越多，老天就越高兴，就会成为他的同伴，给予他更多的好处。

多劳动少索取，不仅能得到他人的感谢，而且运气也会变好。这里所说的"天"也可以换成是"宇宙""神"等。

像这样每天积极地做善事，积累善行，就会走向好运的人生。

另外，关于积累善行还有这样的故事。

古时候，有一位云谷禅师对袁了凡说：

"我们所行之事无论多小，都会被宇宙看在眼里记录下来。然后善有善报，恶有恶报。命运就在那人的善恶之间。一切幸福产生的源泉是自己的心。

"如果积德行善，就会像《易经》这本书中所写的一样：'积累善德的家庭，余荫一定会造福后代。'命运也一定会因此改变的。

"所以首先以三千个善行为目标吧。"

袁了凡就按照云谷禅师所说，做了三千多件善事，最后通过科举考取了进士，好运也造访了他。

这是四百多年前的故事了，但是到今天对我们仍然有教育意义。

为他人谋福，运气会变好

没有人希望自己变得不幸吧。想要获得好运是每个人的愿望。

但是，怎么样运气才会变好呢？

就我的经验来说，平时的所作所为和运气是有关系的。运气好的人之间都有一些共通之处。

运气好的人，都在做一些"为他人谋福""让神明赐福"的事情。

共同点就是这个。

事业成功的人当中，有我认为"那个人运气真好啊"的人。那时在那个人的建议下，我也参加了道德会的集训活动。

在集训中我成了早饭的负责人，所以需要比其他人早起两小时准备早饭。最开始，我对自己要比别人早起两小时感到不满。

然而，在听了集训中的讲座，明白我们要为他人谋福后，我改变了自己的想法。从那以后每天早上早起的两小时，我都不再觉得辛苦，而是很愉快地为大家准备早餐。

首先，要有为他人谋福的思想。这样，讨厌的事情也变得不再讨厌，压力也会骤然减轻。愉快地工作，效率也会提高。带给周围人快乐，自己也会变得快乐，然后就会继续为他人谋福利。

从我的经验来讲，能想着"为他人谋福"就是良好循环的开始。这样不仅自己的工作能顺利开展，也能得到周围人的协作。

为他人谋福，会获得神明赐福而使运气变好。

请记住这一点。

下坐行

　　在之前的内容中，我曾说过自己是"大阪PHP友会"的会长。在每次例会开始之前，我都会去会场附近的路上捡垃圾。

　　我一般都是在距离会场大约一公里的地方清理垃圾，时间长了我发现，垃圾总是会被扔在同一个地方。

　　一开始，一定是某个人随手在某处扔了垃圾。然后其他人想，这里有人扔了垃圾，那我应该也可以扔，这样一来，这个地方的垃圾就会不断增多。

　　要减少街上的垃圾，就要尽快清理干净。否则，有垃圾的地方很容易就被默认为扔垃圾的地方。一般情况下，很少有人往最开始没有垃圾的地方扔垃圾的。

在纽约，垃圾或烟头被清理得干净的街道，杀人等重大犯罪率也相对会少。

要想减少讨厌的东西，从最开始就不能让它出现。

这是其中的秘诀。

因为我清理了这些垃圾，所以路上的垃圾也减少了。果然趁早收拾还是有效果的。

其实我捡垃圾本来是为了下坐行。

下坐行，就是为了磨炼德行，而特意到比自己身份低的场所修行。做那些本来自己没必要做的、人们不愿意做的事情。

首先，了解那些做着他人不愿意做的事情的人们的辛劳。

其次，产生对那些人的感激之情。

傲慢的心情消失了，人自然而然会变得谦虚。

这样，便通过下坐行磨炼了人格。

我去捡垃圾多多少少也是为了磨炼自己的人格。

没有谁喜欢垃圾，也不会有谁乐意去捡垃圾。但是，大家都不愿意做的事情如果没有人来做的话，街道就会变脏。

所以，不要等着谁来做，而是自己去做。实际上，你真正去做了，就会明白很多道理。

我也是在捡垃圾的过程中明白了很多。"迄今为止，其实很多事情都是不知名的别人为我们做了啊。"我只有自己去捡垃圾，才是对一直以来为我们捡垃圾的人心怀感激。

清理完垃圾，街道恢复了干净，我的心情也一下子放松了。我明白，其实我也是在为自己清理垃圾。

即使创业者去世，经营也能继续进行的理由

我曾在ETHOS法律事务所工作。这个事务所的创始人是吉井昭律师，因为和吉井律师认识，所以我被他邀请到事务所工作。

ETHOS法律事务所的"ETHOS"在拉丁语中是"伦理"的意思。之前我和委托人都是这样解释的：

"因为想提供给大家好的投球，所以就叫ETHOS。"（ETHOS的日文发音和"好的投球"日文发音一样，"投球"在日语中是指为了能让对方更容易接到球而轻轻投过去，这里指代律师事务所为了更好地满足顾客的需求而提供更好的服务。日语中有很多这样的谐音的冷笑话。）我认为大家应该能懂这种冷笑话，觉得这里面也包含了和吉

井律师同样的心情。

ETHOS事务所一直秉持着吉井先生舍己利人的精神。遗憾的是，吉井先生在2014年就去世了。

一般情况下，事务所的创始人去世后，律所大多都无法继续顺利运营。我听到过很多类似于"ETHOS什么时候会垮呢"这样的传闻 。但那之后过了两年，事务所仍然顺利运营着。

这是因为即使吉井先生去世了，他舍己利人的精神仍然流传了下来。

举一个最简单的例子。在事务所大楼的一楼，有一个免费开放的空间，也就是"ETHOS舞台"。在大阪最繁华的街道对面有一所约40坪的房子，ETHOS事务所将其提供给不同的人免费使用。

这是吉井律师提出的一项方针。

免费开放活动场所，是为了多少能给社会贡献一些力量。从吉井先生提出这项方针开始，到现在已经过去了将近五年，单单是那个场所的租金，就有数千万日元了。

吉井先生的行动，表明了这项方针并非以ETHOS法律事务所的利益得失为目的。

我带着感受到的这份精神，进入了ETHOS律所工作。希望为这个免费舞台的运营贡献一份自己微薄的力量，也是为了自己的下坐行，所以每天都去室内打扫卫生。

吉井先生去世后，ETHOS仍然秉承着他的精神并将此延续了下去，免费舞台继续开放，这也为事务所的运营带来了良好的效果。

"是吗？舞台还是继续在免费开放啊。吉井律师去世后，事务所的这个方针好像没有变呢。"

目的好像达到了，大家都明白了一点：

"特地去支付租金，然后将屋子免费借给大家使用，免费开放场地，这是实实在在地为社会做贡献啊。这样的法律事务所是值得大家信赖的。"

起初，免费开放舞台并非是为了给公司谋取利益，但无意中却达到了为公司带来良好口碑的结果。从某种程度上来说，这项方针达到了一定的广告宣传效果。

　　就这样，虽然吉井律师去世了，他所流传下来的精神，一直支撑着ETHOS法律事务所顺利运行。

传授阻止出轨方法的奇怪律师

我大概是非常奇怪的律师，我也确实经常被说成是"不可思议的律师"。仔细想一想，我发现自己确实做着和其他律师不一样的事情。

比方说，经常会有人来我这里咨询"如何阻止出轨"。

当然，离婚咨询属于律师的业务范畴。但是来我这里咨询的，都是像下面的情况。

"老公出轨了，我很烦恼。但是我不想离婚，有没有什么阻止他出轨的办法呢？"

对于那些来找我咨询的人，我一般都是边听她们讲边附和着"嗯、嗯"。我也理所当然地认为应该如此，但后来我意识到，作为一名律师，这样做是很奇怪的。

为什么？因为这个人说她不想离婚。

　　不想离婚的话，也就和离婚诉讼、要求离婚赔偿什么的没有关系了，当然也就没有律师出场的机会了——律师的工作本来就是为解决法律问题而存在的。

　　但是，当有委托人来问"怎样阻止对方出轨"，我告诉她"这样的话，就应该……"的时候，我不得不承认自己确实是一个奇怪的律师。毕竟，处理出轨问题不是法律咨询，而是人生问题的咨询了，已经超出了律师的受理领域。但不知何时，我就是变成了这样一个律师。

　　"西中先生，帮我想想办法吧。"

　　在向我咨询出轨问题的人当中，也会有人这样对我说。对于委托人来说，我是像万事屋（出自日本漫画家空知英秋原作的人气动漫《银魂》中主角坂田银时所经营的万事屋。因为天人的袭击，武士没落，所以身为武士的坂田银时为了维生，建立了万事屋，接受别人所有的请求——译者注）一样的存在。

　　最初来我这里做咨询的，大部分都是夫妻间出现问题，带着离婚的问题过来的。

"丈夫好像出轨了。在考虑要不要离婚。"

几乎都是像这样的咨询。对于这种情况，普通律师的工作流程应该是这样的：

首先，确认丈夫是否出轨了。如果有证据的话要拿到证据。

然后，律师可以向丈夫发出警告书。

"我已经掌握了你出轨的证据。你现在最好停止出轨，否则你需要赔偿妻子损失费。"如果向丈夫发出了警告但还是没能阻止出轨的话，就要求离婚。如果丈夫拒绝，就要提出离婚诉讼。

这是一般律师的工作。

但是我却做了不一样的事情。

一般想离婚的太太来到我这里都会说：

"不能离婚。在此之前最好是阻止丈夫出轨。"

"如果有这样方法的话，那是最好的。"

"西中先生，帮我想想办法吧。"反反复复处理这样的

212

问题，自然有类似问题的，就都来找我做人生咨询了。

"专门和不赚钱的人谈话，你真是奇怪的律师啊。"我常常得到同行这样的评价。

确实，如果有离婚诉讼或赔偿费等问题的时候，律师就能得到报酬，但是不离婚的话，就完全得不到报酬。

"如果夫妇关系能重归于好，问题圆满解决的话，那就最好了。"

我是抱着这样的想法去做人生咨询的。

离婚多是不幸的入口。

如果闹到打官司，长年在一起生活的两个人就会相互攻击，心情也会变得很糟糕。夫妻共同生活过的那些岁月都化为乌有，最终的结果就是让双方都受到巨大的心灵创伤。

就我的经验来说，离婚也是一种争斗。而争斗的结果无一例外，都会使运气变差。

所以，当有委托人过来说想离婚的时候，我首先都会劝他打消那个念头。

　　即使不赚钱，但能减少一些争斗，多少为他人谋得一点幸福，我也会感到满足。

想让卖不出画的画家开心

我收藏了很多画作。

因为加入了ETHOS法律事务所，所以我以前的事务所就用作了库房，那里放着很多画作。

虽然如此，但我并没有收藏画作的爱好。当然，也不是期望收集的那些画有一天能够升值。说实话，我并不是特别喜欢画，也并不是很懂画。

我为什么收藏了那么多画呢？因为我经常会收到来自熟人办画展的邀请。收到了邀请，如果不去的话就会感到很抱歉。所以我就会需要经常出席一些不熟悉的画家的画展。有时候，一些不知名的画家办个人展，画都不怎么能卖得出去。我去参加画展的时候，通常都是展览的最后一天，画上几乎都没有已经售出的红色印记，我感到有些落寞。

想必画家本人会比我更落寞吧。

想到这，我总觉得要做点什么才好，于是就买了数万日元的画。

我不打高尔夫球，也不赌博；没有兴趣去高级会所，也没有什么不良嗜好，所以手上多少还存了些钱。

我觉得，如果这些钱能让人开心的话，用出去也无妨。

如果在个人展上卖出了十幅画，再多卖一副可能也觉得没什么。但是如果在个人展上只卖出了一两幅的时候，我只要多买一幅画，一定会让画家开心一点吧。

做让他人开心的事是我奉行的方针之一。收藏画作并不是我的爱好，我买画的目的是让他人开心。

我不是很懂画，但是相信这世上有很多人都能从欣赏画中得到心灵的安慰。

如果我买他画的那位作家能够恢复元气，画出好的画作的话，想必他的画能安慰到更多人的心灵。

"我想让和我有缘之人开心。"

这是古时候亲鸾圣人说过的话，现在我能够体会到其中的含义了。

其实，我这个想法也是在模仿键山秀三郎先生。

键山先生跟我说过，他坐出租车一般都不要找回的零钱。

"为什么不要呢，是为了感谢司机吗？"

键山先生摇摇头笑着说：

"不是的。"

然后跟我细说了他的想法。

客人如果不要找零，对司机说"请您收着吧"，那司机的心情就会变好。心情变好后，就会更安心地开车，交通事故就会减少。也能和气地接待下一位客人，因此纠纷也会减少，下一位客人开心，司机的心情就会更好了。

这样，出租车的司机，搭乘的客人，大家都能和和气气、开开心心的，就不会有那么多不幸的事故了。

"所以我就不要零钱啦。"

原来如此，于是我也学习键山先生，不要找零了。

抱着同样的想法，我去买了画。

如果能让谁开心，因果轮回，最后就能对社会贡献巨大的力量。

我认为这也是使运气变好的方法之一。

善的循环

　　某个人早起，到自家周围去清理垃圾。随后，附近的人在他的影响下也开始清理垃圾。不久，这个街区内看不到一片垃圾了。那个第一个清理垃圾的人，每天都能生活得很开心。

　　这就是善的循环。

　　只要做一件很小的事，渐渐扩散到周围，自己也能收获好事。

　　像这样开拓自己运气的事是常有的。

　　刚刚介绍的键山秀三郎先生不收找零的事情也好，在超市买快过期的食品也罢，确实都是善的循环的实例。我觉得，键山先生的好运，都是从这样高尚的行为开始的，这是善的循环。

只追求眼前的利益，运气就会下滑；为集体利益着想而去行动的话，运气就会变好。将这当作是善的循环，我想大家应该都能接受吧。

请一定注意，不要被利益蒙蔽了双眼，这样运气也会变差。

运气法则

想要运气变好，就要积累善德。

积累善德是很难的。

在"天上库房"的存款越多老天越高兴，他就会成为你的同伴，为你带来好运。

运气好的人，都在做一些"为他人谋福""让神明赐福"的事情。

垃圾总是被扔在同一个地方。

用下坐行来磨炼人格。

免费开放场所，是为社会造福。

与其说想要报酬，不如说多少想做点贡献。

想让与自己有缘之人开心。

如果让谁开心了，因果轮回，最后就能对社会贡献巨大的力量。

因善的循环而使自己开运的事有很多。

只追求眼前的利益，运气就会下滑；如果考虑集体的利益，运气就会变好，这也是善的循环。

结语

感谢您看到了最后。

我编著的《开拓前程之路——"老手"律师教你"与世无争的生存之道"》一书出版后，读者希望还能有一本书专讲在此书中没有详述的观点。于是本书便应运出版了。

教育哲学家森信三先生说过："人在一生中一定会与命中之人相遇。而且不早不晚，在刚刚好的时间出现。"

我现在74岁了，做律师近50年，迄今为止，遭遇过很多困难。不知不觉中才发现很多人在我困难的时候救了我，给予了我帮助。

回顾过去，我觉得自己是世界上最幸运的人。所以我一直在思考为什么我的运气这么好。

　　本书所讲内容，如果能为大家的生活方式提供一定的参考，是我非常乐意看到的事情。希望大家都能有一个幸福的人生。

　　致谢所有让本书得以出版的人。

图书在版编目（CIP）数据

抓住好运的人生秘诀 /（日）西中务著；刘秋诗译. — 北京：北京联合出版公司，2018.6
ISBN 978-7-5596-2050-7

Ⅰ. ①抓… Ⅱ. ①西… ②刘… Ⅲ. ①成功心理－通俗读物 Ⅳ. ①B848.4-49

中国版本图书馆CIP数据核字（2018）第087269号

ICHIMANNIN NO JINSEI O MITA VETERAN BENGOSHI GA OSHIERU
"UN NO YOKUNARU IKIKATA"
by Tsutomu Nishinaka
Copyright © 2017 Tsutomu Nishinaka
All rights reserved.
Originally published in Japan by TOYO KEIZAI INC.
Chinese (in simplified character only) translation rights arranged with
TOYO KEIZAI INC., Japan
through THE SAKAI AGENCY and BARDON-CHINESE MEDIA AGENCY.

抓住好运的人生秘诀

作　者：（日）西中务	译　者：刘秋诗
产品经理：于海娣	责任编辑：牛炜征
特约编辑：黄川川	版权支持：蔡　苗

北京联合出版公司出版
（北京市西城区德外大街83号楼9层　100088）
北京联合天畅发行公司发行
天津旭丰源印刷有限公司印刷　新华书店经销
字数 100千字　787mm×1092mm　1/32　印张 7.5
2018年6月第1版　2018年6月第1次印刷
ISBN 978-7-5596-2050-7
定价：39.80元